方顶

FANGDING

SHANQIUPUYU

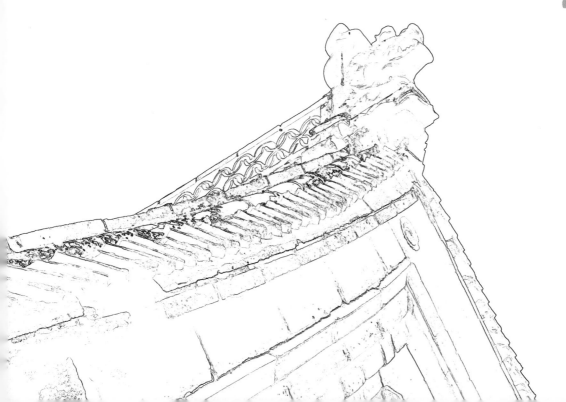

《山丘璞玉——方顶》编委会

主　任 _ 樊福太　宋　洁

副主任 _ 徐　勇　高自廷　弓永超　吕现州

编　委 _ 樊福太　宋　洁　徐　勇　高自廷
　　　　弓永超　吕现州　马松宝　周伟杰

主　编 _ 朱昌伟

编　辑 _ 何中茶

校　对 _ 何中茶　李永长

摄　影 _ 李颖礼　晏　斐　张尚武

编　创 _ 朱昌伟　何中茶　李永长　张尚武
　　　　周昱宏　周玉梅　何锡瑾　方联军
　　　　尤　坚　晏　斐　胡玉凯　苗　茜

早就听上街区方志办的同志说起过，从郑州市区出发，一路向西行约40公里，有个隐于山坳间的村寨——上街区方顶村。那里拥有一个由100多座宅院、300多间房屋组成的1万多平方米的明清古建筑群，其民宅规模、建筑面积及完好度堪称郑州之最，在全省范围内看，也不多见，这也是中原古代建筑及文化的重要体现。那时，我就想抽空去看看，却一直没有机会成行。作为长期从事史志工作的我，去亲自目睹这个具有古代建筑文化底蕴的方顶，至今还是我的期盼。

癸巳年仲秋，了解方顶村的机会终于来了，上街区方志办的同志送来一本图文并茂的样书——《山丘璞玉——方顶》，请我作序。我心里由衷地感到高兴，爱不释手地翻阅了该书的内容及图照，不是因为书里有我久未谋面的方顶村，而是有这么多朴实的文字所透射出的那种浓浓的怜"乡"惜"玉"情怀感染了我，深深地触动了我的心灵。在当今轰轰烈烈的新型城镇化浪潮中，这是我第一次看到一个地方有那么多名不见经传的文人墨客和心地质朴的乡亲在努力推动具有600多年历史的"古村落"保护工作。在我看来，这么大的举动，这么新的动意，这么细的手笔，是上街人的一个基本的文化符号，是文明开发、文化兴村的一个基础性工作。作为外乡人，我表示十分的支持、赞赏和祝贺。助推乡村文化的繁荣和发展，当然也是我的一份不可推卸的责任。

为完成此书，编者们不辞辛劳，精心制定创编计划，邀请省市知名作家前往采风，组织本地业余作者怀旧望新，千百次走访村民，查阅历史资料，求证历史事实，考察地理环境，体验人情习俗，完成了近二十万字的著作，成为河南省古村落保护开发史上的经典之作。该书全面真实地反映了方顶村数百年的沧桑，展现了方顶村自新中国成立以来半个多世纪发生的翻天覆地的巨大变化和社会主义新农村的全新风貌，集中展示了上街以及中原农民的民族传统和风俗人情，充满着乡土气息和泥土味，读起来感到十分的亲切和温馨。

对此，我深有所感：上街区因铝而兴，这个成立于1958年的工业区，由于地域范围狭小，文化资源和文化生产力相对有限，而上街区方志文化工作者却利用现存的资源，采取历史与现实、传统与创新、可读与可视相结合的方式，编纂出了这本内容丰富、图文精美的好书。这本书既显示了历史的厚度、现实的广度，又挖掘了民俗的深度，凝聚了视觉的冲击力度，不仅为广大读者了解中原文化基因的传递提供了一本可读可视的优秀读物，同时也为各方面专家学者研究地情、为当地领导科学决策、推动古村落保护开发提供了可靠的信息和参考资料。上街区方志文化工作者在地情资料的开发利用和保护历史文化遗存方面迈出了可喜的一步。

　　在中原大地上，像上街区方顶村这样富有特色的传统村落还有不少。它们承载着华夏传统文化的精华，是农耕文明不可再生的文化遗产；它们保留着民族文化的多样性，是繁荣发展民族文化的根基。但随着工业化、城镇化的快速发展，这些村落衰落、消失的现象日益加剧。这应引起决策者和文化工作者高度重视，加强对其保护发展刻不容缓。在城镇化过程中，不能以牺牲我们的传统文化作为代价。在这样的背景下，编成此书，上街区的领导者和从事地方志工作的同志一定是有远见的，因为它在一定程度上保护了我们的文化，传承了我们民族的基因，为各地古村落的保护发展提供了有益的借鉴，其意义非同小可。

　　诚如有识者所言："保护古村落，就是保存中华民族的一份集体记忆，就是保存农业文明的样貌，就是保存文化的永久活力。只有在这个基础上，才能在未来这块人口众多的土地上创造城市发展和乡村建设双赢的空间。"这也是我方志工作者义不容辞的责任。为此，我们应作出自己的独特贡献，翘首期盼着我省史志工作者做出这样的好成果。

　　该书付梓在即，赘述数语，权以为序。

霍宪章

二〇一三年仲秋

（作者系河南省地方史志办公室主任）

目录
Contents

韵
Yun

方顶的绿荫

山丘璞玉

方顶印象

没有围墙的博物馆

陌上人家，流动的风景

中原奇葩——方顶

古韵方顶

方顶的绿荫

陈铁军

　　我从纷繁、喧嚣的郑州，来到这个叫方顶的小村，就像一个在炎炎烈日下行走的人，猛地来到一棵茂盛、苍郁的老树下。是的，那一刻我站在村口，就是这样一种感觉，就好像站在老树的凉阴里，觉得一瞬间，心灵是那么的清凉、清幽和清净。

　　事实上，方顶既不在荒郊野外，亦不在深山老林，它距离郑州仅几十公里，对来自那个大城市的嘈杂几乎清晰可闻。有道是"林泉物外自清幽"，而并不在林泉物外的这个村庄，何以竟也清凉、清幽、清净如斯？它的这片浓阴又从何而来呢？

　　若要我说，其实简单。此刻我正站在方顶的村口。站在村口的我，意外而惊奇地发现我面对的，竟是一个如此古老的村落。灰瓦黄泥的老屋，依山傍崖的窑洞，飞檐挑角的门楼，逶迤蜿蜒的寨墙，日久年深的松柏……这一切，被斜阳落晖静静地、暖暖地浸润着，使人感觉置身其中，就像沉浸于一首古诗中——一首《渭川田家》或《过故人庄》那样的田园古诗中。而我们所体验的一切清、凉、幽、净，在我看来，正来自对这首古诗的阅读和咀嚼。

　　不是么？"故人具鸡黍，邀我至田家。绿树村边合，青山郭外斜。开轩面场圃，把酒话桑麻。待到重阳日，还来就菊花。"每当我们在烦乱的城市生活中，在层层叠叠的高楼大厦和沸沸扬扬的人声车声中，无声地吟哦起这样的诗歌，我们的神魂都会不知不觉地出舍出窍，都会脱离现实，穿越时空，悠悠然来到——我在开头说过的——那株盘根错节、浓翳蔽日的老树下，在这片阴凉中找到一种久违的安静、安适和安逸。

我们中的哪个人，不曾有过这样的经历。

　　一点不错。这是个古老的村落。后来我看到一些文字材料说，早在新石器时期，方顶即已有人类居住。这个，扯得有点太远了，我们姑且不说。还有传说，春秋时期，楚国不断向中原扩张，而方顶，曾被楚庄王选作问鼎中原的踏脚石，在这里屯驻过重兵。这一点，由于年代久远，似乎也已找不到实证。我在今天看到的方顶，历史应是从明初开始的。元朝末年，连绵不断的战争和灾害，造成中原地区人民涂炭、家园荒废。明初洪武年间，朝廷为了助推中原重新崛起，由山西向这一带大量移民。一支来自山西洪洞县的方姓移民队伍，辗转颠簸来到方顶，当然那时间还不叫方顶，看到此处依山傍水、山清水秀，用现在话讲十分适合人类居住，便在此停顿、居留了下来。从那时开始，经过一代代的添砖加瓦、不断积累，才终于有了我们现在看到的方顶村。这也就是为什么，我们在方顶所见的民居，多为明清时期建筑的缘故。我看到材料这样说：方顶村古民居，是目前郑州境内发现的面积较大、规模较大、保存较完整的明清时期传统建筑群。即使是在几百年后的今天，仍有古建筑面

积一万多平方米，宅院一百余座，房屋三百余间。

方顶地处郑州市上街区，这里是平原向丘陵的过渡带，到处都是黄土梁峁和沟壑，所以方顶的古民宅也随形就势，或靠山而筑，或依坡而建，或屹立峁上，或盘踞沟底，形成高高低低、错落有致，有聚有散、时隐时现的奇妙景观。这些，若要一一道来是不可能的。在这里，我们只能随手拈几个最为古香古色的，给你说一说。

说到村庄，首先要说的当然是祠堂。方顶人多姓方，祠堂就叫个方氏祠堂。方氏祠堂建筑于清代，位于村庄的中轴线和制高点。这，与它的唯我唯大和高高在上是一致的。祠堂由三房一门楼组合成院，正房供着一通方氏宗亲石碑，碑上按世代铭刻着五支方氏祖先的名讳，东侧的厢房则是家族谋事和活动的场所。门楼，这里面最值得一说的就是门楼，是庄严威武的高台门楼，顶部五脊六兽、挑角飞檐，门面砖砌泥抹、灰色厚重，几乎是通身都饰有精美砖雕，雕刻着游龙、奔鹿、麒麟、蝙蝠、牡丹、莲花、绣球、寿桃等图案，绘声绘色，栩栩如生。这儿是我方顶游的第一站。也就是说，我是由这扇门进入方顶的。方氏祠堂的门楼于我来说，实际上相当于整个村庄的门楼。我记得斯时，我站在门楼前，几乎是一下子就被它的深沉、苍黄的古意震住了。觉得我不是从此进村，而是由此进入了返回前朝的时光隧道。一瞬间，我感到物我两忘、宠辱皆忘，烦躁、烦忧的心一下子安静下来。

从这门楼进来，我们走在村街上，恍若真的顺着小街，来到了前朝。因为我们看到，

街两侧肩挨肩的民居，尽是前朝风貌。随便拨拉一个，比如说这一幢，清末秀才方兆凤的宅院吧。方家门楼高大深厚，门头有内方外圆的金钱砖雕，并饰有盘龙、麋鹿、牡丹、荷花等木雕图案，临街房四角砖柱上雕有"福""寿""康""宁"四个大字，俨然一方士绅之家。进至正院，迎面一孔明朝建筑的高大窑洞，窑脸砖雕"富贵吉祥"图案与"卜云其吉"楷书。"卜云其吉"者，就是卦书上说，这是一个吉祥的地方。而方家最具特色之处，正是这孔前朝古窑。因为它几乎涵盖了中原农村窑洞建筑的所有式样。进入正窑，往西一拐，豁然又是一孔大窑，中原农村叫作"窑连窑"。进入西窑，内里一走，里面竟然又有一窑，中原农村叫作"窑中窑"。正窑门外，拾级而上，上面还掘有一孔小窑，中原农村叫作"窑上窑"。总之足不出户，在这院里就可以领略几乎全本的中原窑文化。方兆凤宅，只是方顶无数古宅中的一处。类似的"名宅"在这里还有清代翰林赵东阶宅、清代武生方兆麟宅、清代拔贡方兆星宅，等等，等等，数不胜数。总之你要看老房子，在这里几天也看不完。

而，在我看来，整个古建群中最具观赏性的，当数村中残存的那截古寨墙。方顶，最早是由寨墙护卫着的，据说当时光寨门就多达十三座。至今，这寨墙仍有二百多米屹立未倒，就像一位年逾古稀的老人，在那儿述说着岁月的沧桑。寨墙，完全是由红石砌成。按照砌石手法，据当地村人讲，可分为线条型和图案型。所谓线条型，就是工匠们先将石头敲打成材，再将这些大致四方的石材，依照水平垒砌成墙，这样砌成的墙壁有规有矩，整齐划一。而所谓图案型，就是石头不经过任何加工，不管大小方圆只管堆在一起，再用泥灰填空儿勾缝儿，这样垒成的墙壁虽无规矩，但线条变幻莫测，图案巧夺天工，十分赏心悦目。由于这种图案花里胡哨，酷似虎皮，村人都叫它"虎皮墙"。这条漫长、巍峨的红石墙壁，与方氏祠堂，与方兆凤宅院，与一幢幢、一簇簇的明清古屋一起，构成了方顶的景观元素。如果把方顶比作一株老树，它们就像老树的蓬勃茂盛的枝干和树冠。老树留给我们后人的那巨大浓郁的冠盖，实际上正是由这些枝和叶，层层叠叠、成簇成片地编织而成。

　　我在这里特别要说一说，方顶作为一个存留至今的古村落，其古典性并不是只局限在那些古代建筑。生活在这里的方顶人，就像他们世代居住的古屋一样，直到今天仍然保留着许许多多古朴的习俗。譬如，他们有风俗叫"坟会"。每年清明和农历十月初一，各姓村人都要在本族长者的带领下，到祖先坟上扫坟、祭拜。这么做，不仅为了缅怀先人，更是为了勉励后生。因为每当这时，族中的长者都会借此机会，对族人回顾本族的历史和往昔的光荣，讲述族中的族规和族训，叮嘱后代一定要不忘祖德，牢记祖训，正经做人。其情景，就像我党在井冈山等红色景点，对青少年进行革命传统教育。譬如，村畔有一碑曰"戒赌碑"。此碑据说是这样来的：古时豫西赌风颇盛，方顶一带人尤好赌，最后不仅赌者倾家荡产，而且造成家庭不和、村庄不睦。为了刹住赌风，村中有见识的主事人创新社会管理，邀请当地大知识分子赵东阶，专为戒除

赌博撰文并立此碑。碑文严格规定：除正月初一至十九可以玩牌外，全年其他日期一律不准。这一碑文内容不仅在当时行之有效，一直到今天仍被村民视为村庄的规约，主动自觉严格遵守。在法律都已经不老好使的今天，还有村庄将古代规约作为行为准绳，实属罕见。譬如，我听说在这里，做生意还可以物易物。一辆瓜车"嘟嘟嘟嘟"开到村口，西瓜贩子不是吆喝"谁买瓜"，而是吆喝"谁换瓜"。咋换哩？用粮食。一斤粮食换一斤半瓜。瓜贩是这样，其他贩子也是这样。每当村人听到小贩们五花八门的叫"换"声，便用布袋或簸箕盛着粮，纷纷走上村街围住那声音，换取他们各自需要的东西。这种古老的贸易形式，不要说在当今城市早已见不到，就是在一般农村也很难得一见了。譬如，村庄那古香古色的民间文艺活动，至今仍闻名遐迩。他们的绑灯山，将几百盏花灯捆扎成一座大山，将正月十六的夜晚照耀得如同白昼，那熊熊燃烧的灯火像火树银花几十里外都隐约可见。他们的高跷队，人人头扎羊肚手巾，身穿黄衣白裤，腰系手舞彩绸，能踩着高跷翻跟头、大劈叉，高难度拣起地上的东西。他们的卧竿儿，人物扮成小丑模样，坐在不停晃动的横竿上，随着长竿上下左右地晃动，一边做出种种怪相逗笑观众，一边表演各种惊险的杂技动作。如果把方顶比作一株老树，我觉得这一切应是老树的茁壮的根须。老树正是通过这错综发达的根与须，接住了生活和历史的地气，并从中源源不断地汲取营养，养育了粗壮强劲的躯干和绿色如云的冠盖。

方顶人，至今仍生活在古村中。有的，还居住在几百年的老屋里；有的，搬虽搬了出来，但新屋就在老屋的紧邻。这使得青砖黄泥的老屋，混在钢筋水泥的新屋中，就像俗话常说的鹤立在鸡群里，显得很是不协调。所以一开始，我打算在这篇文章里念叨几句——能不能在附近建个新农村，把村人都移到新村去居住，将这里有碍观瞻的新屋都拆除掉，只保留那些硕果仅存的老建筑，让村庄变成一个原装纯粹、毫不掺水的古村。但是真写到这儿了，才发现这话不能说。为啥呢？方顶的屋舍，从明清，到民国，到现在，是一种连续和传承关系。连续的是历史，传承的是文化。正是这些负有传承使命的新房和新人，赋予了古村生命感和生动感，使古村拥有了亲切的人间烟火气。设若把这些人都移走，把所有的新东西都拆除，只剩几幢老房子孤零零地戳在那儿，就等于刨断了老树的根须，我——我想我就是不说，你也可以想象那是一种怎样的情景。

　　此刻，当我坐在城市家中，在电脑前敲着这篇文字时，不由得，仿佛又一次，远远地看到了方顶，看到了它古老的树干和繁茂的枝叶，并从心底感到了它的清凉、清幽和清净。

　　我要说，如果你一直在为生活而奔波并且深陷于城市的纷乱和嘈杂中，如果你因奔波而身心俱疲并且厌倦了围困着你的这种纷乱和嘈杂，那么就——到方顶去。

　　或许你在那儿，能让心灵获得解脱和休憩……

山丘璞玉

何中茶

　　嵩山之北有座雾云山，山上有道观佛寺，山中常有璀璨的五色云雾萦绕树丛，穿窗入户，因之称为雾云山。逝水千载，流年依旧，今天的人把雾云山称为五云山。五云山北麓有一片延绵十几公里的半丘陵地带，在这片丘陵里有一座美丽的村庄，这座村庄叫方顶。

　　从上街驱车进五云山，中途要经过方顶。在车来人往的山道边，方顶村不会吸引任何一位游客的目光，因为在这山变水变地变天也在变的21世纪初叶，方顶村和中原千千万万个贫穷落后的村庄一样，让人多看一眼都觉得寒酸。不过，如果当地有人告诉你，这里曾经产生过出仕朝廷的先贤，曾经创造过繁荣的经济和超凡的乡土文明，这里的山丘卜隐藏着一条璞玉般的文明老街，或许你不去五云山，也要在这里下车，倾情地感悟这里的先民们用双手创造的山丘里的文明。

　　方顶位于上街区峡窝镇西南的半丘陵地带，全村五百多农户，一千五百余口人。进入方顶村，在一片高矮不齐的农舍簇拥中，最显眼的是矗立在高高石阶上的方氏宗祠。这座宗祠大约建于清朝乾隆年间，宗祠和门厅屋脊上那些凶恶的脊兽立刻让我们想起台湾电视剧《一剪梅》中，沙河镇的镇长和镇里的元老们在祠堂里商议驱逐沈心慈离开沙河镇的森严场面。宗祠门口的两面石鼓上，两只卧狮好像也在向我们诉说，两百余年来，每当战火燃遍中原，天灾降临河洛，方顶村的村长和族人们在这里商讨应对天灾人祸而聚会的严肃气氛。

方氏宗祠西边，一条南北走向的乡间土路横卧街头。村里的人告诉我们，方顶村由顶闶、底沟和程湾三部分组成：宗祠所在的街道为顶闶，街中土路向北是底沟，向南是程湾。据程湾资料记载：清朝康熙年间太平盛世，程湾村民开荒造田，兴修水利，农副并举，种桑养蚕，进入蓬勃发展的兴盛年代。村民程尚德在村中建起了第一座青砖灰瓦两进四合院。到雍正年间，村中先后建起四合院两座，南北成排，坐东向西，形成了南北街道。约在乾隆年间，村中又建起了更高的楼房，这座楼房更加壮丽豪华，二楼上设有红柱走廊，站在楼上可南望五云，西观汜水。院内用各色鹅卵石铺成花形地坪，前院设有大门和二门，两门之间有磨房、饲养房和仓房等，门厅和屋顶上都有五脊和六兽。清朝末年，竹川镇逍遥观创办蚕丝学校，随即种桑养蚕遍及汜河两岸的各村各户。程湾随着种桑养蚕经济的兴起，其他副业也随之发展起来，缫丝厂、丝织厂、染房、编织刺绣作坊等兴旺发达，村中开起了骡马大店，来往客商络绎不绝。

　　沿着村中大路向北，不知不觉我们来到方顶村最原始的底沟街。半个世纪前，这里曾经是一条繁华热闹远近闻名的美丽富饶的小街。从街头到沟底二百多米长的街面，曾经是卵石铺砌成的平整光滑的街道。这条街上通丘顶，下达沟底，锦缎般地铺陈在山丘的青山绿水中间。百十年来，不管是东去汴京还是西往洛阳，不管是军旅马队还是行人商贾，他们冬踩冰雪，夏碾黄尘，或从方顶街的卵石街道通过，或从丘顶的山道而行。洛阳、巩县、荥阳、成皋的商贩从这里经过，方顶人在街头和村口随时都能

买到他们需要的农具和商品；五云山的山民出山卖山货、柴草、鸡鸭禽蛋，在方顶街头就能交易。方顶街头人来车往，马嘶骡吼，鸡鸣狗吠，油梆驴铃晨昏不断。

　　在主人带领下，我们来到街北一座四合院门前，这是清朝末年秀才方兆凤的宅院。院门是一座青砖灰瓦古色古香的门厅，门头上方大片空白的正中间，一个脸盆大的砖雕车轱辘钱外圆内方，向世人昭示院主人的富裕显贵；门厅墙柱的墀头砖雕中间一方空白，或许是主人有意要留给人们一片想象的空间。临街五间砖镶土坯瓦房，东西两端墙柱上的墀头，两个斗大的篆书"福""寿"砖雕，在阳光下显得格外耀眼；院墙阴面还有两块相同的砖雕与之呼应，雕刻着同样大小的两个篆书"康""宁"。四块砖雕寄托着主人对于幸福、长寿、健康、安宁美好生活的企盼。这是一座黄土高原风格的后窑前楼式二进四合院。进入前院是一座二层青砖灰瓦楼房，楼后边有一孔窑洞。前院与后院中间有一道砖墙，砖墙中间开一孔圆形月亮门。正院西侧也有一座单坡小楼，楼头的山丘下并排着三孔窑洞，中间一孔窑洞门头上的砖雕像一幅精美的版画。在屋檐似的瓦当和双层排列的椽头下，是一个与窑门同宽的条形方框。方框正中间镶嵌着砖雕的"卜云其吉"四个楷书大字，两头从砖墙里伸出四张半尺多长的砖雕兽嘴。条形方框的下沿隔着窑门垂下两长两短四条锦缎般的砖雕垂花柱，远远望去，四条轻盈的垂花柱似在随风飘舞。走进这孔窑洞，仿佛进入地下迷宫，窑洞里窑套窑，窑上窑，曲曲弯弯。走在地宫似的窑洞里，我们仿佛跨过历史的长河，回到七八百年前那段阴

森凄惨的黑暗岁月——

元朝末年，蒙古族对中原人民实行残暴统治，疯狂杀戮。人民无法正常生活，纷纷揭竿而起，反对统治者的暴政。元军对农民起义血腥镇压：拔其地，屠其城，强者充军，弱者杀而食之（《元史·顺帝本纪》）。豫、鲁、苏、皖之民十亡七八，"春燕归来无栖处，赤地千里少人烟"。

水、旱、蝗、疫不断，黄、淮年年决口，中原大地"田庐漂没淹白骨，村庄城邑尽废墟"，"民不聊生，人相食"（《元史·五行志》）。明朝初年，战争不断，中原之民非杀即逃，土地荒芜，田禾不收。明朝统治者不得不作出"移民屯田，恢复中原"的国策，从山西全省十七个州六十六个县强制向中原大规模移民。

黄水滔滔，关山重重，道路被绳捆索绑的移民堵塞，荒草中处处可见冻饿而死的移民尸骨。破衣烂衫、扶老携幼、拖儿带女的人们肩背手拉，弯腰曲背，蹒跚而行。一群从成皋顺汜水河逆流而上的山西移民，在汜水河边一个依山傍水的村庄歇息。其中的一支方姓族人在山丘顶上凿壁挖窑居住下来。他们在这里婚嫁迎娶，繁衍生息……几百年间，他们开垦的荒地越来越多，收获的粮食仓满库盈。他们修房盖屋，筑庙建祠，使山丘顶上的这条荒山沟变成了一座喧闹的村庄。周围的村民把这里称为方家顶……

从"卜云其吉"的窑洞出来，我们来到清朝末年翰林学士赵东阶的故居。这也是一座后窑前楼式四合院，院中一新一旧两座青砖黛瓦二层楼房相对而立。楼房北头的山丘刀削斧劈似的土壁用红石垒砌着齐楼高的石墙，墙下并排着四孔门头装饰精美的窑洞，主窑的门头上雕刻着"天瑒（通瑒）纯嘏"四个楷书大字。站在这孔窑洞前，我默念着意为祈求天降大富贵的这四个字，心中质疑：天公真的能降下富贵吗？写下这四个字的人万万没有想到，一场短暂的荣华富贵之后，这里演绎的却是一曲凄惨的翰墨悲歌。黑暗的窑洞中我分明看到一位身穿长衫的清癯老人，满头白发，两眼暗淡无光，正用两根枯瘦的手指捻着灰白的胡须，口中断断续续地反复低吟着："厌尘环扰扰，悔宦海茫茫，醉后三杯绿酒，睡时一枕黄粱，无所逃于世外，殆欲托于此乡。"

在窑门头上虔诚地写下"天瑒纯嘏"四个大字，应该是赵东阶中年以后耽于功名富贵之乡的事。幼年的赵东阶其实是一个穷山窝窝里的苦孩子。他父亲是读书人，穿上蓝衫后，在商水县做了个相当于县教育局管教育的小官。虽然官职卑微，俸禄难以糊口，他却很满足地说："人皆以教官为贫，然有禄以赡身家，自视不贫也。官无大小，在称其职而已，禄无厚薄，在负其食而已。"他不以职微而兢兢业业地管理县学教育，在任六年以政学兼优保升知县。只是老天不抬举，未及任而殁，临死向东阶之母嘱咐："此子尚幼，吾不及教诲，使之成立，日后需令就学，勿断此一线书香。"赵东阶痛心疾首，牢记父嘱，立志仕途，飞黄腾达！

七岁的赵东阶虽然不及《红楼梦》中的贾宝玉那么聪明，五岁读《古今人物通考》，给林黛玉起别号，但是其父是科举出身的举人，深知怎样给孩子打基础。父亲死后，

赵东阶跟随其母寄居夏侯村其姨父家时，汜水县德高望重的私塾先生时惺、时悯兄弟一眼就看上了他，免费收其入学，并精心教诲，重点培养。在时氏兄弟的私塾，赵东阶第一次参加县里考试落榜，自觉愧对老师，回来后进入老师家门长跪不起。

孤儿寡母生活难以自理，赵东阶母子经常吃糠秕咽野菜，其母日间在地里劳作，夜里纺花织布，省吃俭用，以供赵东阶四处拜师求学。每当想起父亲的遗嘱，赵东阶总是"怆然悲，悚然惧"，学习更加勤勉。二十岁他在县学考试中被录为弟子员。此后赵东阶学习更加踏实刻苦，曾作《浮躁箴》自警：学问之功，沉静为要，不然终身误于浮躁。……言浮则放，行浮则狂，狂躁则不静，如火之燎；言躁则轻，行躁则佻，君子不重，学何以固。光绪十四年（1889）赵东阶终于在河南乡试中式第九名举人。

与贾宝玉相比，赵东阶是坚强自信，痴心狂妄的。贾宝玉在乡试考列第七名中举后，被科举制度的大山压垮，终于拂袖而去，从人间蒸发了；赵东阶却决心沿着科举制度的悬崖绝壁继续往上攀爬，不爬到顶点决不罢休。看看赵东阶在科举制度的绝壁攀爬足迹吧：

光绪二十四年戊戌科中进士，改庶吉士。

光绪二十九年，授翰林院编修，编纂国史。

光绪三十年正月，充国史馆协修，四月入进士馆肄业。

光绪三十二年九月充国史馆纂修，十二月进士馆毕业考列优等，赏加侍讲衔。

光绪三十三年五月，派赴东洋考察政治，十月回京供职。

但是，帝国主义的炮声震破了赵东阶的荣华富贵梦，八国联军攻陷北京，清王朝屈辱投降。就在赵东阶积毕生所学，欲回报大清帝国的时候，1911 年辛亥革命起，清朝统治彻底土崩瓦解。赵东阶沮丧地脱下朝服，低头回乡，隐居五云山麓。

晚年，赵东阶视功名如朝露，等富贵于浮沤，无得无失，不怨不尤，沉溺于醉乡、睡乡，被称为"二乡老人"。其自曰："醒自醒，醉自醉，觉自觉，睡自睡……置理乱于世外，忘欣戚于胸中，不问毁誉荣辱，不计得失穷通，坐邀红友，面对黄封，或呼欢伯，或号醉翁，或名浪漫叟，或称逍遥公，一年三百六十日，但愿樽中酒不空！"直至自撰墓志，长眠二乡。

读着赵东阶亲笔书写的"天瑒纯琨"横批，我心头一阵纠结，我为赵东阶鸣不平，为祖国文坛的先贤痛心。赵东阶苦读孔孟之书，受教孔孟之道，传承中华文明之光；赵东阶的书艺拓于柳公权，延伸柳书精华。赵东阶如一块华夏文明的碧玉，在五云山熠熠生辉。

走出方顶，渐行渐远，回望五云山，葱茏绿郁中仿佛看到五色雾霭、碧玉的光辉。

方顶印象

周玉梅

一

五脊六兽冷秋光，

红叶黄花对斜阳。

燕语檐间风雨少，

草生墙头岁月长。

翰墨晕染翰林梦，

庭中苔藓有余香。

耕读传家二百年，

白云冉冉护山庄。

二

几度沧桑残阳红，

老屋寂寂燕巢空。

造物不管人家事，

留取春风与瓦松。

三

红尘碌碌寻古韵，

白云悠悠方顶村。

泥香韵染村中路，

脚印重叠古今人。

四

白云绿树古山村，

青砖黛瓦苔痕深。

黄土窑暖百年梦，

红榴花香几代人。

五

方顶多古韵，老树依云根。

野花村边路，苍苔墙上春。

民风重淳朴，交往任本真。

闲庭步清月，楼阁寻旧痕。

古迹随处有，砖瓦分汉秦。

漠漠楚王台，离离芳草深。

郁郁剑之气，化为风中尘。

呼朋唤友来，最宜倾芳樽。

碌碌红尘客，暂做桃源人。

没有围墙的博物馆

胡玉凯

　　在上街区西南部的五云山下，有个没有围墙的古村落——方顶村。

　　早春三月，在绵绵细雨中我们来到这里，走在湿润的乡间小路上，清新的空气一个劲地往鼻孔里钻。村上农民，居在老宅，自顾自地忙着手头的活计。上岁数的老人，坐在自家的门墩上，好奇地打量着手拿相机或笔记本的游客。年轻的媳妇时不时地用河南方言和外人打着招呼："来了，吃饭了没有？"古村的人悠然自得，热情好客。

　　深入方顶村，一条近二百米的虎皮墙映入眼帘，大块大块的鹅卵石沿街高高筑起，宛如一座小山雄伟壮观，百年不倒。路面早已是变成了水泥路，原本的青石板早已不见踪影。据老人讲，在几百年前，婚丧嫁娶，添子祝寿，金榜题名，大队的人马都从占墙下的这条路走过，吹吹打打，鞭炮轰鸣，好不风光热闹。

　　村中至今还有百余座古民房，面积约上万平方米。随着新区开发或旧城改造，方顶村已经一分为二：一边是新盖的楼院，一边是等待保留开发的旧民宅。新与旧、古代与现代在这里泾渭分明，一条路是界线。方顶村至今还保留十几座古宅大院，它们分别是清末翰林赵东阶宅院、武秀才方兆麟宅院、文秀才方兆凤宅院、拔贡方兆星故居、方兆图故居和明末清初巡漕御史禹好善的老娘房（报恩房）。方家、赵家、焦家、程家是方顶村的大姓，在历史上都是这些老宅里的"达官贵人"，又是这里的文化名人。赵东阶的诗文书法作品传世相当多。据他的后人讲，在东京举办的华人书法拍卖会上，仅一幅字就拍出几十万元人民币。在他们的住所，不仅能看到一些古香古色的古家具、

古书柜和屏风，还能读到他们留给后人的古训。在方家老宅，已经七十多岁的方联军老人身体健康，思维敏捷，让人赞叹不已。老人说，他的家族比不得赵家，做官做文化人，但近几辈也出大学生。他说那些年搞阶级斗争和"文化大革命"，由于成分高，既当不成兵，又上不了学，只能在家务农种田。他的叔叔是第二十一期黄埔军校毕业生，新中国成立前夕，去了台湾，多少年音信全无，大陆和台湾关系缓和时才敢道出那段心酸的故事。

方顶村的老人把先人勤奋读书"学而优则仕"的精神灌输给他们的子孙们，一代接一代，学业有成，报效祖国。望着或已荒废的古房老屋，楼在人空，寂静萧条，仿佛能看到一位扎着长辫的老人，身着长衫，在教一群孩童背诵《三字经》的场景。这里的先人做出了表率，文化不离席。清末时期出了几个举人秀才，民国时期有多个青年进入黄埔军校学习。到了新中国，这里也有很多人在省内外的党政军部门任职。沧桑的古村充满了色彩，外感古朴，内在丰满。

方顶村古民宅保存完好，与他们当时的经济地位有关。那时尽管没有水泥钢筋，却使用了上好的木材和砖瓦，所以这些老房屋历经几百年保存基本完好。在方兆凤的老宅院，砖墙黛瓦，飞檐翘角，雕花屋檐，在每座房脊两端的龙头格外显眼。龙是中华民族的象征，龙是皇亲国戚的代称。在中国传统古文化中，龙是神圣的。十二生肖中，只有龙是人为杜撰的。方顶村的古民宅不同于北京的四合院，也不同于江南的民宅建筑风格，多是山西、甘肃式的民宅建筑。这些民宅室内昏暗，窗户矮小，多为三合院、四合院，具有鲜明的河南地域性，很大程度上记录了方顶昨天生活的内容和方式，显示着前人对美的追求。这与现代生活形成巨大的反差，成为方顶村中最有味道的一种资源。经过几百年的严峻考验与人为的破坏而没有毁灭，不仅证明这些建筑的坚固，还证明当地人生存的智慧。方顶村原本有十三个寨门，有寨门就应该有寨墙，像中国的北京、西安、开封，古城古墙古门，至今保存完好。而方顶村如今既没有墙也无门，这恐怕与历史有关。这地方的人习于干打垒，就地取土垒墙，几百年风吹雨淋和战乱，早已把围墙和城门毁得一干二净。如今一个没有城墙的村落，正如一个袒露的博物馆，供人观赏。

　　建筑形体只是方顶村的外在表象，如果把目光只盯在这些建筑本身，而忽视了人文内涵的挖掘，古村的真正保护就会见物不见人。据郑州市文物所的专家介绍，方顶村蕴含了深厚的崇文重教的传统，方、赵、程、焦等家族承接着中华传统文化的脉络，流淌着中华传统文化的涓涓细流。方顶村现有的建筑、文化、生活方式和历史文化名人展现着华夏文明的厚重色彩。

　　方顶，位在郑州市上街区，却又区别于大郑州呈献给世人的面貌。在文化产业蓬勃发展的势头中，它依托于这个大都市，又细细地寻找着自己的前行坐标。寻迹方顶，发掘方顶，也就找到了大河儿女民俗民性的生动符号，也就找到了历史文化的丰富表情。

　　方顶村，是一座没有围墙的博物馆。

陌上人家，流动的风景

张 丽

　　追溯历史足迹，探索古幽宝地。怀着几分思索，几分好奇，有幸和文友们同车前去方顶这个上街的边陲小村，揭开它神秘的面纱，一睹其沧桑的面容。

　　在车上，思绪万千，如果不是听朋友们提及，我又怎能知道，在我们居住地上街附近的方顶村，居然有着那么多的古民宅建筑，那么深的历史渊源。在惭愧自己如井底之蛙的同时，也在感慨着：原来美就在我们身边，只要我们有一双善于发现的眼睛。

　　绿树丛荫中的一条蜿蜒小路，把我们从喧闹的都市带往宁静的小村，去聆听远古的呼唤，去饱览迷人的风景，心不禁欣欣然，夏天的炎热仿若已褪了几分。人未至，对小村已多了几分亲切。

　　车子未停，眼尖的我已看见在绿色掩映之中，那古建筑屋脊上的雕塑，龙乎？兽乎？若隐若现，像历经沧桑的老者，以缄默的姿态，欢迎着我们这群文人的到来。来到小村，我装饰了古村的风景，而古村又装饰了我的梦。今昔何昔，我们究竟是这小村的第几批访家？

　　小村美，美在独特。小村人美，美在一个隽永的传奇。

　　方顶村位于五云山北麓上街区峡窝镇西南隅，上街、巩义、荥阳三（市、区）交界处及汜河与其支流——棘寨河的东南部夹角地带，310 国道由村西和北部穿过，其地理位置重要，地势险要，环境优美，历来是兵家必争之地。目前全村占地 3336 亩，421 户 1689 口人，现有居民住宅 419 处。古老民宅建筑总面积 1 万多平方米，成体

系院落有 43 座，较为完整的 13 座，现仍在内居住的居民有 20 户。现存较完好的有赵东阶太史第宅院、方氏宗祠和方兆凤、方兆麟的方氏宅院及明末清初巡漕御史禹好善的故居等。这里出过历史名人赵璧、赵东阶、方兆凤、方兆麟等。有悠久的民俗文艺活动。方顶村古建筑群是目前郑州境内发现的保存比较完整、面积较大、距离市区较近的一处传统民居建筑群，它代表了中原独特的乡土建筑文化。村中的古老建筑集中在一条近两百米长的古街两旁。这里老房子一座紧挨着一座，砖雕、石磨、石凳、雕花屋檐……真实地反映了中原地区明清以来的乡村街道布局、建筑风格和历史风貌。

　　一路上，听着方顶人的讲解，跟随着方顶人的脚步，漫步在这个小村里，沿着古人曾经走过的路，看着古人曾经住过的房屋，摸着古人曾经抚摸过的厚墙。古人不见今时月，今月何曾照古人。或许在几百年前的某日，也是这样的天气，也是这样的时辰，也有古人这样走过，但时过境迁，这心境，又怎会相同？

　　方顶村里有很多明清时期建造的四合院，它们由正屋、厢房、大门组成。若坐北向南走东南门，若坐南向北者则走中间门，但从大门进院正面必有一道影壁墙遮住视线不能直看到正屋。清末翰林赵东阶宅院、清末武秀才方兆麟宅院、清末文秀才方兆凤宅院、清末拔贡方兆星故居、清末方兆图故居……逐一走过路过。想象着古人在这里寒窗苦读、求取功名的勤奋情景，想象着一朝金榜题名，整个家族荣耀的沸腾场面，感受着这份浓郁的文化氛围，心底涌起的是无限的敬佩之情。

在清末翰林赵东阶宅院，我看到了正院主窑门上砖雕匾额 "天瑒纯嘏"几个字，书法精美，苍劲有力。意在祈求上苍赐予大福，长寿永年。在清末文秀才方兆凤宅院，我看到正院窑洞上有"卜云其吉"几个字，笔法如行云流水般流畅。在《诗经·国风·鄘风》里有 "降观於桑，卜云其吉，终焉允臧"的诗句。意为走下田地看农桑，求神占卜显吉兆，结果必然很安康。"天瑒纯嘏" "卜云其吉"这些古老的生僻词，在这里亲眼目睹那苍劲的字体，那流畅的笔锋，给我们留下深刻的印象。不一样的朝代，却是一样的祝福，岁月祥和、时势安稳是每个人所求，古人也不例外。祝福和希望寄托于子孙，世世代代。

当我沿着狭窄的阶梯，登上赵东阶宅院东厢配楼时，眼前的情景使我想起古代女子，手提裙裾，轻移莲步，身姿婀娜，长发飘飘，在绣楼里笑不露齿，走不摇裙，大门不出，二门不迈，将女儿家心事悄锁深闺，细梳慢理，心不禁有些飘飘然。我想象如今站在这座绣楼般的楼房里的我，宛如古代女子，可我却少了那一分古韵，缺少那一分雅致

和才韵。

　　站在古墙旁边，细细地看上面的纹路，置身于这世外桃源，感受一份心灵的惬意和满足。"阡陌交通，鸡犬相闻"，那时的这里，是陶渊明笔下的世外桃源，人民安居乐业，心灵平和富足，是多么祥和的一幅画卷啊。方顶村的一位老师告诉我们，这里有一种草，是别处所没有的，能治百病。一草一木皆有灵性，小村真是风水宝地。

　　"二岗一沟村落占，五龙把口十三关，三条古道穿村过，二道古河围着转，二龙戏珠活宝地，五庙方顶一村建，古迹村中处处见，文化底蕴厚且宽。"嘴里吟着小村的诗句，我置身其中，静静地享受这心灵的安然。

　　"暑雨青山里，随风到野居。庭竹潇飒响，石泉犹自鸣。登轩待月出，凭亭看晚归。行云流水意，水月空禅心。"目睹这么多的古建筑，听着文友娓娓道来，仿佛是一个古老的传说。

　　匆匆是时光的步履，迟迟是小村的花期。而我，唯愿此时此刻，远离喧嚣，远离红尘俗扰，静静地在这里觅得心境的宁静与淡然。来到这个传奇的地方，开始一段古老的行程，你我皆是时光的过客，而这美丽的小村，却是流动风景中的永恒。如那棵几百年的石榴树，像一个忠诚的卫士，见证了历史变迁，风云变幻，依然故我，依然开得红火夺目，永不凋零，直达内心深处……

中原奇葩——方顶

侯建云

    循着历史的足迹，我们慕名而来。从著名的虎牢关到铝城上街，然后沿着弯弯的山间小道来到方顶村。这段路程并不遥远，我们却像穿越了三千年历史隧道的行者，梦游一般来到这罕见的古老村寨。准确地说，这是中原大地上的一枝奇葩。

    这哪里是一个村寨？站在山岭上望去，那层层叠叠、碧翠浓郁的林木和庄稼掩盖了一切。看不到人欢马叫，听不见一丝喧嚣，就连树梢上的蝉鸣也是如此的轻柔。那个幽静和神秘，让人感觉仿佛来到了另一个世界。

    然而，当我们进到村寨里，看到高高的古寨墙以及寨墙上的岗楼和枪眼，看到一座座雕梁画栋、古色古香的明清建筑和民宅，看到悠悠挺立的楼房和森然欲搏的石锁……我们再也不觉得这里静谧了。

    上溯几十年、几百年，透过房顶上的五脊六兽和袅袅炊烟，我们仿佛看到了，在这个古老村寨里发生着怎样惊心动魄、可歌可泣的故事。那些出类拔萃、历经浮沉的男人们，那些深锁闺中、爱恨交织的女人们，不知道做出了多少惊世骇俗的事情。也许有人不信，一个并不起眼的村寨里，会发生什么令人惊诧的事情。但从村里精妙的古建筑群和人文气息，从老人们绘声绘色的传说中，我们可以得出一个结论：这个方顶村不简单！

    进入方顶村，首先映入眼帘的是，在绿树掩映中一座座古老的明清建筑拔地而起，那小小的四合院以及青砖灰瓦和精雕细刻的图案，虽然有些斑驳破旧，却印证着这个

古老村寨不平凡的历史。而那用鹅卵石和白泥堆砌起来的高大古寨墙和经过烟熏的枪眼，则昭示着在这里曾经发生过激烈的战斗。自古英雄逐鹿中原，或许，这方顶村也是英才们竞雄的一席之地。即便到了今天，依然可以隐约闻到当年的战火硝烟味。

方顶村最具特色的是明清古建筑群，大约有一百座，由一个个四合院组成。从那些大户人家的房屋建筑来看，虽然样式大致相同，但从建筑风格和做工细节上，可以看出些微差别，各有千秋。大体来说，都是长方形的四合院，有正房和配房，还有古窑洞，且都是砖瓦或土石结构，屋檐和门楣上刻有各种各样的精美图案及花鸟虫鱼纹路，有五脊六兽。但农村大户人家，因地位和财富不同，在建筑风格上的差别还是显而易见的。

清末翰林院编修赵东阶的宅院，正房和配房都很宏伟高大，院中一座卷棚式二层楼房，楼头并排着四孔窑洞，窑门头上的砖雕刻有吉祥图案，主窑门头上砖雕匾额题"天赐纯嘏"四字，意为天降福贵。此宅院楼上有楼，房上有房，沿弯曲台阶上到台顶，可鸟瞰村貌。这是明显的山西建筑，与平遥和乔家大院相似。

清末文秀才方兆凤的宅院门楼有木雕，门上方刻有"内方外圆"的富贵砖雕，意为对内从严，对外要宽。临街房内外四角的砖雕刻有"福""寿""康""宁"四个篆书大字，十分醒目。大门坡则有五色石条铺成的八卦图。宅院的正窑门脸上有砖雕"富贵吉祥"和"卜云其吉"字样，且窑中套窑，环环相扣。同时宅的大门内侧安装有六道明暗门闩，并有暗扣，不了解内情的人根本打不开。这说明古时的富贵人家求祥和、防匪贼的意识是极强的。

清末大户方兆图的古宅院则是别有洞天。他家是一个坐南向北的典型四合院，房屋雕梁画栋，蔚为壮观，虽经百年沧桑，气派依旧。大门两侧的砖柱上刻有精美的"福禄寿禧"字样。过二门有一影壁墙挡在眼前，影壁墙的中间有一直径约30厘米大的圆洞，透过小圆洞可以看见大门外的部分景象。古时的农家女子都很封建，尤其是富有的大户人家的小姐，大门不出，二门不迈，四合院内便是她们日常活动的小天地。也许那个影壁墙中的小圆孔，便是她们窥视大门外精彩世界的绝佳窗口了。

清末拔贡方兆星的宅院也很有特点。他家的四合院，上房是砖券窑，下房是二层小楼房。东房有"五脊六兽"的砖雕，精美别致，栩栩如生。在东房的四个檐角处，各有一个红黑相间的阴阳鱼图，也称八卦图。据说，这阴阳八卦图有着深奥的哲理呢！作为先古哲学的图腾，八卦图以阴阳互补、相克相生的两条黑白鱼图形，揭示了含义丰富的太极原理和阴阳平衡、对立统一、圆融周全的太极世界观。方兆星的房檐四周不仅镌刻着八卦图，而且把两条互为阴阳的黑白鱼变成了红黑鱼，这个房主是有说头的。他不仅追求自己的宅院阴阳平衡、圆融周全，而且还有祈福求祥的味道。这可以理解，人越富贵，便越是迷信。

位于上街区峡窝镇的方顶村，地处中原，缘何会遗留下如此之多具有山西风格的明清古建筑呢？原来，方顶村有着与众不同的历史。早在元朝末年，中原地区连年的炮火和天灾，造成人口大量死亡、逃亡，致使土地荒芜，人烟稀少。在明朝初期洪武年间，由政府组织移民，从山西大量迁往河南、湖北等地。其中一支方姓族人由山西长途跋涉来到方顶村，掏窑挖洞定居下来。后来有了积蓄，加上村里出了几个在朝里做官的大人物，便修宅筑寨，扩村拓地。其民宅建筑大体上沿袭了山西古建筑的风格，久而久之便形成了方顶村现在这样的规模。

方顶村水土丰沃，人杰地灵，因为村里出了几个名人，且保存了许多较为完整的明清建筑，所以在当地小有名气，引来无数专家学者和游客研究、观光。

该村独具特色，历久弥新，而从这里走出去的大小人物更是佳话频传。

据老人们传说，在悠悠数百年间，方顶村出的名人，不仅有清末翰林院编修、书法家赵东阶和他父亲、举人赵璧，还有拔贡方兆星、文秀才方兆凤、武秀才方兆麟等，可谓文武双全。这里边的故事可歌可泣，令人钦羡不已，也使人扼腕叹息。

先说这个赵东阶，他是清末的进士，后授翰林院编修，纂修国史。他写得一手好字，是清末民初很有名望的书法家，至今还有许多人收藏他的书法作品。

清末武秀才方兆麟，以力大出名。走进他那典型的四合院内，可以看到练功房，正窑门侧还有一个大石锁横躺在门口，证明石锁的主人是练武的。据老人们传说，方兆麟身材魁伟，力大无比，一顿饭能吃一筷子厚的烙馍，能舞动百斤大刀，能拉动强

弓硬弩，发起威来几十个人都不是他的对手。而他的兄弟方兆图也是练武之人，刀枪剑戟无所不通。他们兄弟又都仗义疏财，爱打抱不平，深得村民喜爱。在他们的带领下，尚武精神在方顶村不断发扬光大。

方顶村出了许多贤人和名人，也有坏人。抗日战争时期，那个统辖周边四县的国民党保安团长与匪贼勾结，在方顶村建城堡，筑工事，设岗楼和炮台，与八路军抗日将领皮定均对垒。几经交战，保安团不是皮定均的对手，败下阵来，逃之夭夭。方顶村便成了八路军据守要塞的抗日根据地。

历经沧桑巨变，方顶村曾经孕育了勤劳智慧的子民，也出了不少文武才子和伟丈夫。然而有谁真正领悟到方顶村一代代默默无闻的女人们的爱恨情仇和恩恩怨怨？那些从小缠脚成为"三寸金莲"的富家小姐和穷家女子们，整年累月苦守在小小的四合院里，抬头一片天，低头一片地，大门不出，二门不迈，从花样年龄熬成老太婆，直至生命的最后一息。方兆图宅院影壁墙中的小圆洞，就是旧时女子窥探外部世界的通道，也是她们被旧礼教封闭了自我的通气孔。

然而，还有一位不被人们所知的旧时老女人，她的命运更悲惨。她可不是一般的女人，而是知书达理的大家闺秀。即便如此，她也无法冲破封建礼教"夫为妻纲"的束缚，改变不了自己从黄花闺女到终生守寡的命运。据老人们传说，这个富家小姐自从嫁到方家大宅院里后，便在小小的配房里苦守妇道。而她的丈夫却是从黄埔军校毕

业的国民党高级将领。新中国成立前夕，他们在这个四合院里完婚不久，丈夫便随国民党大军撤退到了台湾。从此，夫妻俩天各一方，不知下落。作为婚后不久的小媳妇，她苦守空房，固守妇道，唯一的希望就是盼丈夫回家团圆。她整天隔窗遥望着海峡彼岸，希望她年轻英俊的丈夫有一天突然降临到自己身边。她望啊望，日复一日，年复一年，从早望到黑，从春望到冬，从小媳妇望成了老太婆，直到白发苍苍，魂归西天……

如今世道变了，方顶村的女人们再不受封建礼教的束缚，她们彻底解放了，自由了，可以自由恋爱，可以去她们想去的地方，可以掌控自己的命运。生活在崭新的时代，享受阳光雨露，体验中国共产党的温暖。对比今昔，她们的幸福感油然而生。

当然，对于方顶村保存了那么多完整的古建筑，使中国的传统文化得以传承和发扬，方顶村人无不为此而感到欣慰和骄傲。他们相信，方顶村的明天会更加美好。

古韵方顶

尤 坚

　　无意以菲薄见识度古人之心，却真切地在清通议大夫翰林院侍讲赵东阶的书法作品中见到了古韵方顶，更在探访方顶古民居中，为喧闹城市边缘的一方静谧古宅感叹不已。虽然不是文笔出众的作家诗人，可还是觉得该用拙笔写点什么。不管是自信"洪洞迁来数百年，子孙繁衍万代传"的方氏先人，还是有史记载的方山封族后方姓族人迁徙鄂、皖的故事，都印证了明初以来方氏宗族在沿途艰辛跋涉中发现了方顶，分支定居于方顶的历史。正如东阶翰林录书张九龄《感遇》诗"日夕怀空意，人谁感至精"，没有哪个后来者能够道出先人曾经的经历与其中的真谛。

　　上街，一个因铝而生的城市，一个历经半个多世纪的建设与发展的铝工业基地，除了现代人为它的振兴与发展而奋斗拼搏的历史可以称颂以外，还有可以挖掘的文明与文化遗存吗？纵然铝城儿女在这块热土上开创了史无前例的事业，带来了博大祖国的地域文化，又把它们糅合成为现代都市的特征文化，然而，它终究因为地域的微小没有更多的古迹文化遗存。

　　有人发出了"一部河南史半部中国史"的感叹。上街虽是弹丸之地，然而却在这里发现了一片明清古建筑，一处民宅聚集的文化遗存——峡窝镇方顶村民宅建筑群。专家说，这片古宅是目前省内发现的较大的建筑群。一个阳光和暖的冬日，信步探访了方顶村的古老民宅，为的是用手中之笔，让藏身于丘岭沟壑中的文化跃然纸上。

　　出村委大门向东望去，映入眼帘的是一群红石根基青砖黛瓦的民宅，高低错落的古建筑在冬日的阳光下显现着中国画的淡雅色彩。它们已在山村的静谧中度过了百多年岁月，没有现代都市那样的繁华，没有方圆成矩、光怪陆离的都市色彩，没有耸云齐天的高楼大厦，只是显现着自然与和谐，显现着北方民宅的古韵风采。

走近住宅，只见硬木院门没有斑驳的漆痕和雕琢痕迹，确是原木原配的民居特征。青砖门楼覆以曲瓦，椽头或圆或方显露于瓦当之下，门头正中几乎都装饰着古钱砖雕图案，门柱上或放置福、禄、寿、禧纹饰文字砖雕，或以牛、羊动物砖雕置之，虽历经百年沧桑却依然显得端庄祥和。门枢设置更显时代特征和技术特点：上下门枢皆以青石制成方型，中心挖孔用以穿入门轴，细细看来，轴、孔尽皆光滑明亮。许多宅院依然为后人承袭居住，因为常开常闭，这些门、轴在百年岁月的磨砺下仍然光洁完好，活动自如，让人真正理解了"户枢不蠹"的真理。

置身古宅，建筑专家对明清建筑的评价油然而生：有人常常因明清时期单体建筑艺术性的下降而贬低明清建筑。实际上，明清建筑不仅在创造群体空间的艺术性上取得了突出成就，而且在建筑技术上也取得了进步。明清建筑突出了梁、柱、檩的直接结合，减少了斗拱这个中间层次的作用，不仅简化了结构，还节省了大量木材，从而达到了以更少的材料取得更大建筑空间的效果。明清建筑还大量使用砖石，促进了砖石结构的发展。其间，中国普遍出现的无梁殿就是这种进步的具体体现。明清时期的建筑艺术并非一味走下坡路，它仿佛是即将消失在地平线上的夕阳，依然光华四射。

是的，明清民宅没有了斗拱挑檐宫廷建筑的恢宏豪华，却更加贴近生活需求的简洁实用。它在文化传承与民族风格的沿袭上依然光芒四射，铝城上街的土地上竟然遗存着光华四射的古建筑，着实让人感到兴奋和幸运！

　　走进方顶古寨的翰林街，只见这里的建筑保存得相当完好，更多地显现着明清文化特征。进得赵氏翰林东阶的宅院，即便对居住文化和建筑文化知之甚微，仍然会被这一民居的魅力深深吸引，虽然其中空间并不足够地大，却能体会到民居的实用与紧凑。主窑以红石青砖镶嵌，门头图案栩栩如生，门楣正中置有砖雕"天瑒纯嘏"匾额，门键之下配有长长的砖雕流苏，方框拱门素雅之中透着文化灵气，门庭左右镶嵌有富有时代特色的神龛。主窑东边是厢房配楼，这座两层小楼自然透着文雅气质，砖木结构廊宇平直，楼上窗户平直典雅，窗棂皆以实木镂雕，是典型的"中"字梯纹以上下为通条置于窗框之中，展示着顺步上升的窗格文化。下层窗框以砖雕砌筑，是三层水纹，门框以木雕制作，简洁大方，框上门键凸出门框有两至三寸。小楼下层住室门向西开，而楼上却在背向东面设砖砌楼梯。

　　宅主赵东阶是清末翰林，宅院自然透着文人气息，"天瑒纯嘏"昭示着宅院主人天赐大福家运兴盛的愿望。他曾与田金祺共同修编了《汜水县志》，至今流传于荥阳汜水的县志多为当年的印本。赵东阶的书法作品留世甚多，从许多他录书的名人诗句中反映了他的思想色彩。"暂时有酒添胆壮，片刻无书觉眼空"，一副对联把翰林的豪爽和致学精神展现于眼前，就此也把方顶人的学习态度昭于世人。可以想象，他所书写的吕岩诗句"草铺横野六七里，笛弄晚风三四声"会不会正是他童年时代在方顶村生活中的图画？

在赵东阶的书法作品中见到了王维的诗："夜静群动息，遥闻隔林犬。却忆山中时，人家涧西远。羡君明发去，采蕨轻轩冕。"也许这正是那时方顶古村的时代写照，也许赵翰林内心一直向往山野乡村的惬意与清淡生活，一心一意舞文弄墨，采蕨摘薇，而无顾于轩冕。然而，正是方顶人在平淡沉静中创造了一段古韵佳话，留下了一片古代民居中可以供后人传承发扬的文化。

清末方兆图宅院，大门的过庭并不像官宦人家的大院那样宽敞幽深，而是直接在临街房中套建了过庭。过厅两边的东西耳房向院内开门开窗，房屋的外墙既是屋墙又是院墙。外墙的临街面上镶着门柱，夹着砖雕动物纹饰。大门正中毫无例外置以巨大金钱砖雕。二进院门的东西两侧各设置一面神龛，供着赵公元帅（财神）和土地神。入得二进院门，曾询问随同的农民："这是供奉的什么神？"年轻一点的农民答道："不知是啥神，反正他们都是爷。"引来了一阵爽朗大笑。那时曾经在心里说："不对吧，既然是习武之家，想必是该供着关帝和钟馗吧。"二进院门奇特的影壁引起了我等的兴趣。这座影壁的正中镶着巨大的外方内圆砖雕，砖雕的中心竟是一个浑圆的孔洞。百思不得其解：原以为影壁是遮挡院内私密的设置，在上开一孔洞岂不荒唐？八十多

岁高龄的方氏后人对此作了解释：传统的住宅文化讲究阴阳贯通，这种设置，意在为内外宅通气而设。这一设置也蕴含着文武相济之义。他的解说令我等茅塞顿开。二进院的门旁放着个巨大石锁，老人又向我们解释道："古往今来，中国的传统文化讲求文武相辅相成，祖上留下的石锁就是鲜明例证。虽然家族中世以习文著称，但也不乏练武健身之事。"年轻人插嘴说："是啊，现在的学生也要锻炼身体上体育课啊！"

在翰林街探访了两位仍在古宅中居住的老人，她们皆已七十多岁却依然身体康健。走进古居内宅，里面的设施令人赞叹：明有正房内堂、厢房、闺阁，暗中设有暗居、储藏室，犹如步入迷宫一般，一切皆为生活便利和居家度日设置。古宅内院房屋的门窗都设有装饰，而且具有实用功能。门庭砖框上有波浪纹、藤纹装饰，多以砖雕形式显现，饰有罗帐流苏的门楣，据说是女眷的起居室；木制的内框上多有剑柄、梭尾装饰，除了美观外还可以用来挂帘挂符；有的还在门头高处留有带着大孔的红石凸头，用以搭棚扩展空间。

民居门户的安全设施带有鲜明的时代特征：已经不复存在的寨门处留下了顶门用的巨大穿杠孔。家户庭院大门后都有这样的设置，闩门以后用大杠穿入保证庭院安全。也有内室加装这种装置的，我们在一户人家的家中就看到了这种保存完好仍可使用的保安装置。我们甚至在一家内室看到了门闩的内锁装置，实为古人的智慧折服。

没有看到过多的生活器具遗存，仅仅见到了一张年代不甚久远的太师椅，但是，它也为我们带来了欢喜。这张没用一根铁钉而完全靠卯榫结构支撑起来的椅子，彰显着古代文化技术之光。

方顶古宅中，常会见到挺拔的柏树，这种庭院绿化风格昭示着兴旺长久的寓意，也是豫西民居的一大特色。然而，却在文秀才方兆凤的二进院正窑前见到了依然丰茂的百年石榴树。那石榴树在穿过二进院月亮门进入二院主窑的西侧。冬月里见到它，只晓得它饱经沧桑是棵古树；6月间又见到它，它却是枝繁叶茂开了许多火红的石榴花，屹立百年仍充满着生命活力。石榴树下有过方家贤媳守贞待夫四十载的痴情故事：上世纪40年代，方氏子孙毓璨先生就在这石榴树下迎娶了发妻，可时世动荡身不由己，新婚燕尔只得别妻离乡。娇妻就在石榴树下西厢房待守，却不知杳无音信的夫君早已渡过海峡远赴台湾。1986年，一封隔海而来的家书从相隔十里外的竹川镇辗转而来，随后年过花甲的夫妇才得相见。这故事或许给今天的文化传承和社会转变带来些许值得思考值得回味的理由。

顺着古石榴树枝丫上望，象征富贵吉祥的砖雕装饰着窑洞门头，正中雕着"卜云其吉"四个大字，昭示着此宅是卜定的吉祥之地。月亮门旁和上方是一级级台阶，由此可以登上上层晒台。由晒台支梯而上即是翰林街的最高去处，至此视野豁然开朗，可把街上的古建筑尽收眼底。

虽然不曾见到翰林赵氏录书李商隐的《石榴》，但身临其境，《石榴》描述的情景却萦绕在眼前："榴枝婀娜榴实繁，榴膜轻明榴子鲜。可羡瑶池碧桃树，碧桃红颊一千年。"

遍及方顶古宅的脊兽砖雕是明清建筑毫无例外的装饰风格，是那一时期建筑文化的鲜明特征。走马观花而又缺乏古建筑和人文知识，对方顶古建筑遗存的探访是肤浅的，但这并不影响它的光华和文化包含。它散发着古韵，四射着文化之光。

润
Run

从这里走进历史记忆

郑兢业

应上街区朋友之约，沐着夏日的艳阳，与几个文友结伴，去方顶村探访明清时期民居建筑群落。

一踏进这座古老神秘的乡村，我就不胜惊讶：方顶村距郑州不过一小时的车程，我竟是新近才知道，此刻才第一次走近这颗蒙尘的、失落在历史河岸上的珍贵遗珠。放眼望去，一片片青砖灰瓦的房脊屋顶上，雄踞着形神各异的五脊六兽。这些或砖刻或石雕或瓦扣成的动物，构成既宁静又灵动、既世俗又神性的和谐之美。

古建筑群的规模之大让我震撼，建筑艺术之高令人惊叹，然而我也不能不承认：她的荒芜和衰败——人去楼空的寂院危屋，也使我惋叹不已……

由于我对建筑艺术没有太多研究，难以从建筑学的路径，走进方顶村的历史深处。然而，一则民间传说，给我打开了一扇方顶村的认识之门，我有幸通过这扇门，走近方顶村第一名士赵东阶，进而步入赵东阶家的配楼，毫无预期地突然走进一个"历史剧场"，让我在目睹那些剧场布景和道具之后，久久陷入历史沉思……

方顶村第一名士赵东阶，生于 1853 年，卒于 1931 年。光绪二十四年中进士，入翰林院为编修，编修国史。

赵东阶童年的故事，彰显着这片土地的荣耀，充满着人性的温馨。

赵东阶的父亲是官场中人，对天资过人的儿子寄予厚望，在外为官时，把年幼的儿子带在身边。然而，父亲逝世，断送了赵东阶童年的优越幸福生活。重回方顶村后，

连基本的生活之需也常常难以为继。村里有仁心的怀有远见的私塾先生，让聪慧好学的赵东阶免费读书；好心的乡邻，也常接济他衣食。

传说一个富户，家里雇了几个长工，其中一个叫王五的，对赵东阶格外怜惜。每次吃饭，他都要留一个馍，暗中送给赵东阶，自己长期半饥不饱。某日，因农活太紧，东家把饭送到地里。王五灵机一动，当着掌柜的面，拼着肚子，比平日多吃了两个馍，证明自己饭量超人。自此以后，每次吃饭，王五都要多拿两个馍，回自己的长工屋吃，把多拿的两个馍给赵东阶。王五"能吃"的故事竟持续多年。

在这个故事里，毫无疑问，王五的人性令人钦敬。然而我还要说：故事的配角，王五的东家——我们过去长期惯称的"地主老财"，我宁愿相信他是个心怀大仁大善之人。

作为一个长工，王五只是表现得比别人更能吃，而不是更能干。如果东家不是个厚道善良的人，就凭王五饭量过人这一点，一般人性水准的雇主，早就炒了王五的鱿鱼。再说了，一个东家的智商，不太可能比长工的智商低。王五多年多拿馍送人的事，不可能次次逃过东家和他家人的眼睛。东家能装糊涂，或容忍、或默认、或成全、或无言赞赏、或大度成全王五的善举，都是对曾经当作普遍真理的"地主老财黑心肠""天下乌鸦一般黑"的阶级决定人性善恶论的解构与解毒。

　　这则故事的人性光芒，也从赵东阶身上投射到我心间。赵东阶功成名就，荣归故里后，地方名流、富绅向赵东阶索求墨宝，求者如云，自然难以人人如愿以偿。那些求而不得者，便另辟蹊径，转而求托王五。只要王五出面，赵东阶从不拒绝，一求便应。善有善报，王五的名声也因此与日俱增，很受人尊重。

　　我从传说步入现实，从人性洗礼走进建筑艺术审美。驻足赵东阶宅院外，我展开赵宅简介，借助文字描述，帮我解读这座古老建筑："方顶底沟西头街北有一个古老高大门楼，建筑优美别致，砖雕、石刻形态逼真。门楼内上方挂着一块'太史第'的匾额（文革时消失）。进大门就看到一窄窄的院子，院的上方有一孔土窑，这就是赵东阶家的配院。沿配院西边的楼梯拾级而上，进入楼顶即为正院东配楼。"

　　如果不看文字介绍，此时此刻，绝对不会产生内心深处的沉重叹息。因为，我看不出门楼内上方缺少什么。"文革"时消失的"太史第"匾额，消失得不留任何痕迹。是寥寥数语的文字记载，激活了我对那段历史劫难的痛苦联想。我凭着对"文革"时代刀刻火烙般的记忆，迅速推演出"太史第"消失时，是斧劈、是锤砸、是火烧等可能出现的多种场面……

　　我在历史追问中，不知不觉登上配楼。赵家的配楼里的景象让我震撼，也让我一时失语。我万万没想到：赵翰林家的配楼，曾经是，今天依然是一处令历史蒙耻蒙羞的奇特剧场！

配楼四面墙壁上，依然罕见地保留着"文革"时期的宣传画、从报刊上剪下的黑白插图、"样板戏"剧照，保留着"不忘阶级苦！牢记血泪仇！""千万不要忘记阶级斗争！""无产阶级文化大革命胜利万岁！"等口号。这个角落，也是中国宏大历史剧的一个小剧场，正因为地处偏僻，意外地留下来了那场历史剧演绎时的"布景"和道具。正是这些褪色的、秃角的卷边图画和口号，在我眼前幻化成历史悲歌的音符，让我惊心动魄……

与我同行的当地朋友介绍："文化大革命"时期，配楼做过大队红卫兵指挥部；"文化大革命"前后，配楼是大队阶级教育展览室。

我衷心希望，在有可能对方顶村古建筑群进行抢救性保护时，尽力保留住"阶级教育展览室"的历史原貌。配楼里的景象，不能只把它看作历史之痛、历史之疤，它也给这个古建筑注入了特殊的历史价值。历史，在这里解构，也在这里重构。

古　道

何中茶

　　我们去方顶的时候正是夏天，山坡上绿树层层，路两边芳草萋萋。左一块右一块地里的庄稼绿莹莹的，随风起伏摇曳；冯沟水库里的水碧蓝碧蓝的，漾着微波。过了冯沟水库，一条掩映在绿树丛中的山间土路，把我们引进了坐落在山丘顶上的方顶村。

　　方顶是一座美丽的村庄，村中保留下来许多清末民初的古建筑：威严庄重的宗祠、古色古香的四合院、青砖黛瓦的楼宇、五脊六兽的瓦房、雕花券门的窑洞。今天的人们看到这些建筑，如同欣赏一幅典雅的山水画。村中央一条大路直达山下的千年古道，从这里东可去荥阳、开封，西可去巩义、洛阳。史书记载，从开封到洛阳确有一条几千年的古官道。《左传·郑伯克段于鄢》中郑庄公说："制，严邑也，虢叔死焉。"意思是说"制邑"是一个非常重要的地方，是东西交通要道的咽喉，虢叔就死在这里。

　　周武王灭商后承袭商朝的分封制，周朝的天下被分成大大小小的许多诸侯国。武王将自己的父兄叔侄、娘舅姨丈、七大姑子八大姨全都分封在黄河沿岸的中原地区。他的两个叔叔一个被封在陕西凤翔，一个被封在黄河南岸的东西交通咽喉要塞"制邑之墟"，称为西虢国和东虢国。武王的这两个叔叔既在朝中助理朝政，又分别治理东西虢国。其中一个经常往返于几千年后被称为"上街"的"东虢城"。年深月久，从西周镐京到东虢国逐渐形成一条官道。周朝迁都洛阳后，东虢国也被周宣王的侄子郑武公所灭。郑武公不仅消灭了东虢国和邻国，而且侵占了从巩县到开封的广大地域。明清以后的史书记载，开封至洛阳"官道必经上街"。在方顶村，我们亲眼看到这条

人们踩踏出的千年古道，从上街向南经竹川过方顶西去巩义洛阳的历史印迹。

郑武公死后，郑庄公时代的郑国后来成了晋、楚、秦、齐争夺中原的一块肥肉。公元前632年，晋国与楚国争霸，在山东郓城爆发了著名的城濮之战，郑国出兵帮助了邻邦楚国，结果楚国大败，晋国从此对郑国怀恨在心。两年后，晋国与秦国联盟攻打郑国，在兵临城下的紧急关头，郑国国君无计可施，只好低三下四地向本国一位花白胡须的老头烛之武求助说："郑国亡了你也没有好日子过，过去没有重用你现在是用你的时候了。"这位鬓发皆白的老头儿在重兵压境的危难时刻，大义凛然，半夜里让人用绳子把自己吊着放下城墙，颤巍巍地进入秦营面见秦君，一番鼓簧弄舌，花言巧语，把秦君说得伏首帖耳。秦君不仅主动退师而且还出兵保护了郑国。秦、晋联盟破灭了，晋国也不得不退兵。这段《烛之武退秦师》的惊心动魄的故事，流传了两千六百多年，作为老祖宗教育子孙后代的古训，印刻在华夏弟子的课本上，代代相传。几年之后，为了报城濮战役之仇，楚庄王亲率大军攻打趋附秦、晋的郑国。郑国不得不向晋国求援。赶来救援的晋军和楚军在荥阳爆发了邲之大战。在方顶村至今仍流传着楚庄王攻打郑国军队逐鹿中原的许多传说和遗址：庄王坡、叔敖沟、太子沟、娘娘沟、营盘沟、擂鼓台、点将台……古月曾照今时人，今人何曾见古月。两千五百余年后，中原逐鹿的楚庄王再回到这里，还能认识擂鼓台、点将台下的那条古道吗？

明朝初年，山西的一部分移民千里跋涉沿着这条古道走到这里的山丘下。他们看

x

到这里依山傍水，山清水秀，隐蔽在山水之间，就在这座山丘上下建起了村庄。他们祖祖辈辈留守在这条古道边，从此与这条古道结下不解之缘。方顶人把青春与汗水、欢笑和眼泪播洒在山丘上下的地头坎间，村旁的这条古道带走了他们的勤劳与质朴、收成和希望。日复一日年复一年，方顶人的辛劳并没有换来丰衣足食的平安岁月，却依然过着穴居洞宿、破衣烂衫、半饥半饱的苦难日子。改朝换代的烽火硝烟，反抗与镇压的血腥厮杀，从来没有放过隐蔽在山水之间的方顶，蒙古人的马队，燕军的长矛，满兵的弓箭，给方顶村带来绝望的灾难和厄运。方顶人从古道出走，背井离乡，卖儿卖女，逃荒要饭。

不堪践踏血气方刚的方顶青年不愿像祖辈那样任人欺凌与屠宰，他们走出方顶，从军入伍拿起枪杆，挺胸昂头，堂堂正正地做人。民国年间方顶村的方毓俊、方毓璨、赵一贯等一批青年走出村头的古道，穿上军装，奔赴前线，踏上抗击侵略者的浴血战场。但是历史给这些血性青年安排的却是枯荣相背天壤殊途的不同命运。1946 年，当黄埔军校毕业生方毓璨回到方顶村与新婚妻子告别的时候，新婚燕尔的两个年轻人终身难忘西风古道上那个依依惜别的傍晚。年轻漂亮的王瑞贞紧紧拉着方毓璨的军装衣袖，在古道上走了一程又一程。方毓璨看着妻子漂亮脸蛋上滚动的泪珠，心头响起那首摧肝断肠的歌：长亭外，古道边，芳草碧连天。晚风拂柳笛声残，夕阳山外山……

方毓璨去了台湾，与新婚妻子一别四十余年，当他重新回到方顶的时候，独守空楼的王瑞贞已经是满头银丝。两个耄耋老人泪眼相对，已经无法再聚首。他们并没有忘记四十年前的古道别梦，只是埋怨命运不该把他们抛向海峡两岸。

方毓璨的人生选择只是近百年方顶村一茬又一茬年轻人的一种选择。早在清朝末年，赵璧、赵东阶父子就和方毓璨进行了完全不同的选择。

赵璧的祖上在五云山下老寨河东岭的山沟里有几孔用镢头挖出来的窑洞和十几亩双手刨出来的荒地，世世代代就在山坡上这点薄地上刨衣食。赵璧的爷爷因为人满为患，老寨河东岭的窑洞已经住不下他的儿孙，就搬到了方顶。每当进城到竹川、米河、汜水镇，赵璧的父亲见到读书人，目光就像粘到那些人身上一样跟着人家转，心里想着：不管咋样也要让自己的孩子读书。他每天少吃半个窝头少喝半碗粥偷偷攒点钱把赵璧送到先生家，低头弯腰地求先生教孩子读书。

赵璧也明白父亲的心思，看看土布粗衣的父母，再看看家徒四壁的窑洞，赵璧暗下决心，要在圣人之书里改变自己的命运。他除了帮助父亲砍柴割草挖野菜外，一心扑在书卷里。没有钱买灯油，就燃香代烛，通宵达旦地啃读四书五经和荀、扬、老、庄。但是，孔老夫子从来不以辛劳论成败，赵璧从垂髫入塾直到知天命之年后，读了大半辈子孔孟之书，科科参考屡试不中，直到比范进还年长才于道光辛卯科乡试中举，终于实现其父的愿望到商水县做了个既教书又管学生的教官。山里出来的读书人纯朴踏实，学生管得好书也教得好，干了六年就受到领导重视，要提拔他当知县。只是该退休的古稀老人无缘担此重任，临终的时候向夫人谆谆交代："一定要让孩子好好读书，别断了咱家的一线书香。"

　　赵东阶的人生就像父亲设计好的一样，他从父亲手里接过接力棒沿着父亲跌倒的跑道，不敢稍有懈怠，一刻不停地往前跑。在母亲含辛茹苦的帮助下，他还能拜名师入名塾。加上自己的聪颖刻苦，三十九岁赵东阶在乡试中举，比他父亲足足早了二十岁。

十年后在京会试连登黄榜，殿试时又被慈禧太后看中，选入翰林院编修国史，后来又被派出国考察。赵东阶青云直上，在科举仕途的阶梯上直攀到顶。就在赵东阶积终身所学欲报效朝廷的时候，帝国主义的枪炮打破了他的锦衣梦，清王朝土崩瓦解。他弃官回乡，又从方顶村头那条千年古道回到方顶，隐居五云山中核桃冲。晚年，赵东阶在核桃冲的窑洞中凄风苦雨，沉醉酒乡、梦乡，直至自撰墓志，永别他进出方顶的坎坷古道。

天接云涛连晓雾，星河欲转千帆舞。新中国成立不久，方顶村一个名叫方联军的少年小学毕业后，以优异的成绩考入郑州三十五中。方联军家的窑洞里有一个古老的半截书柜，柜门上的一副对联"书藏万卷统今古，柜蕴千部大文章"，曾经伴随着他读书成长。虽然幼小的方联军不明白这副对联的含义，但是他知道这是自己的父辈曾经寄托的希望。当他背着书包到西马固去上学的时候，心里就暗暗叮嘱自己，即使不能读书万卷，也要拿个好成绩回来面对先祖。在学校里上晚自习的时候，别人做完作业交头接耳出出进进，他总是在别人说说笑笑打打闹闹中安静地预习第二天要上的新课；别人在学校里吃的是白面馍黄面饼，他知道自己没法跟他们比，有时候吃几个蒸红薯喝碗白开水就是一顿饭；别人星期天到竹川、氾水、荥阳去玩，他做完作业就回方顶到地里帮助婶婶干农活。从踏进三十五中起，方联军的学习成绩年年都排在班上前几名。1959 年方联军高中毕业后参加了高考，他很有几分把握地等待着高等院校的

录取通知书，但是直到许多同学都走了，他才接到学校的通知让他返校。校领导告诉方联军没有他的通知书。方联军不服气，心里不平衡，为什么学习比他差的同学都能接到录取通知，他却没有。后来有同学向他透露是因为他叔叔在台湾，他家有海外关系，政审不过关。方联军气愤地想：考不上学干脆回家种地！就在方联军失望地准备返回方顶村的时候，老师告诉他学校研究决定让他留校任教。从此方联军成为三十五中一位最年轻的化学老师。

1964年全国开展了来势凶猛的"四清运动"，方联军又因为海外关系，"家庭不清"，被清退公职。当他从西马固回方顶村的时候，走在那条赵东阶和自己的亲叔叔方毓璨走过的千年古道上，他失望、沮丧、痛苦，甚至绝望……

1987年金秋，一阵长长的鞭炮声震动了方顶村的百米长街，一声声巨响像惊蛰后的春雷传向山丘下的古道。方顶街中央一座古老的宅院门前围满了喜庆的人们，他们拥挤着伸头探脑地向院里探望。方联军老师家三喜临门，满街的男女老幼都在为方老师而高兴。第一件喜事是方老师的叔叔方毓璨离乡四十余年首次从台湾回到方顶，第二件是方老师失去公职二十三年后终于又恢复教师工作，第三件是方老师的孩子考上军官学校。在一阵阵震耳欲聋的鞭炮声中，方联军老师眼角滚动着幸福的泪花。

恢复公职后的方联军又重新走进教室，走上讲台。面对一双双求知的闪亮眼睛，他忘记了昨天，忘记了屈辱，忘记了坎坷的人生，他要把失去的青春找回来，填充在那一双双饥渴的目光里。

往事越千年，方顶村头的那条古道也已发生了历史的嬗变。路面铺上了石子柏油，路两边拓展到十匹马宽，今天的方顶人把它叫作310国道。方顶人从这条道路走过，再不是背井离乡，卖儿卖女，逃荒要饭，送夫别子，生离死别。如今他们从这里走向都市，走向城镇，走进工厂，走进城市的建筑工地，走进繁茂的商贸市场，走进大中专院校，走进科研院所。

方顶村中央的大路仍然连接着山下的那条千年古道延伸而来的国道，大路两边生长着茂密的树丛和野花杂草。一棵棵桐树、杨树、楝树、椿树、槐树、榆树、柳树、石榴和花椒高一棵低一棵地枝杈相连，绿叶相叠；树下的荆棘、野蒿、山菊、茅草、枸杞藤、牵牛花、扫帚苗、狗尾巴草像村姑巧手编织的绿篱镶嵌在路的两边。路旁这儿一簇那儿一簇金黄金黄的野花，这儿一片那儿一片粉红粉红的合欢花，散发着淡淡的幽香；高高树顶浓密的绿叶中，不时传来一阵叽叽喳喳的灰喜鹊叫声。路东高耸的山丘上浓密的酸枣和无名的小树争夺着那些谁也别想攀上去的崖壁，老天也不知道它们在那滴水难存的崖尖上怎

么生长得那么茂密葱绿。透过浓郁的树丛向汜水河谷望去，满眼是一片雾霭中的青波绿浪，从远古流来的汜水河咏唱着它那支五千年不改的古老曲调，在绿树丛中向着黄河不屈地奔流。

一个苗条的扎着马尾辫的漂亮小姑娘背着双肩书包，从方顶村中央大路出来，走在那条风尘滚滚的国道上，一蹦一跳地用银铃般的嗓音高声唱着：

青悠悠的那个岭，绿油油的那个山，

丰收的庄稼望不到边，

望呀么望不到边。

…………

双脚踏上幸福的路，越走心越甜，

越走心越甜。

西 河

方山林

    每年进入夏天，总有个地方诱惑着方顶人的心，那地方就是老少都喜欢去的西河。

    西河是氾河的一段，因在村子西边，大家都这样叫。

    记忆中的西河自然且迷人。二百米宽的河床，里面布满了大大小小、奇形怪状的七彩顽石，大的有上千斤重，小的如扣子般玲珑。这些顽石各有所用：小孩拣圆的、平的做游戏，大人搬长的、方的建房屋，老人找黑色的火石抽烟取火用。更好玩的应该是那些光滑的、鲜亮的彩石：黑的如玛瑙，绿的似翡翠，黄的若金珠，白的像水晶。年轻男女一有空，便会顺着河床寻找彩石。这些石头有的像猴子，有的像小鹿，有的像麻雀，有的像小哨，有的像圆球，有的像笔架，真是形态各异，启人想象。年轻人找到彩石，往往摆在房间显眼的地方，若亲戚朋友来了，觉得好看，便赠予他。

    河滩上有泥土的地方及沙石间生长着青草，它们或孤立成一小片，或聚拢成一大片，自由无拘地生长着。有的长到一米多高，有的则紧紧抓着地皮。它们中既有可入药的野薄荷、野艾、车前子，又有许多叫不出名字的杂蒿。清晨，太阳一出来，牛羊便在河滩上，时而各自觅食，时而群居一处，摇动着脖子上系戴着的铃铛，发出叮当叮当的声音，敲击着方顶的晨昏。偶尔，放牧人还扯开嗓子，唱起动听的歌。歌声随着流水，传出很远。

    此外，河滩上还有大小不等的沙石泉水池。大的占地二十平方米，小的才一米见方。池内有一股或几股泉水向上涌翻，然后慢慢汇集在一起。说来奇怪，这些泉水日夜向

（杨煤海　画）

上涌流，总不溢出池子。你若渴了，捧起泉水喝上两口，品尝它的甘、甜、凉、爽，那真是一种无比美好的享受。

西河水从上游的石山缝隙中流出，本身含有特殊的矿物质，再加上河滩里生长着许多中草药，又让西河水具备了意想不到的特殊功效。若有人身上有伤口或疮肿，用普通水清洗，伤口会发炎，若用西河水清洗，不但不会发炎，还会很快痊愈。

西河边长满了水草，绿油油的，青碧碧的。不少还开着小花，黄的、红的、白的、紫的，五彩缤纷，点缀着河岸，像给河边铺上了花毯。岸边的杂草，拖着二米长的蔓条在水中浮动，追戏着小鱼和小虾。各种水鸟盘飞在河面的上空。其中有一种鱼鹰，当地人叫它鱼雕，个子不大，青灰背白羽肚，行动像个小精灵。鱼鹰拍打着翅膀，不紧不慢地飞在离河面三五米的高处，不停地勾头下望。一旦看见鱼儿，它便会将翅膀向上蓬起，猛地钻入水中，叼住小鱼，然后用翅膀猛击水面，腾空而上。在浅水中，常有一种水鸟，我们叫它"饿老等"，它两腿细长，脖子弯弯，喙呈弯钩状，穿一身白白的羽毛，能长时间站着一动不动，随时等待着鱼儿的到来。

西河水在这宽敞的河床里滚淌，十年河东，十年河西。渐渐的，河床内出现了两条河，一条靠东岸，一条靠西岸。这两条河流像盘旋舞动的两条龙，绕了数道弯，奔腾不息，直入黄河。到了夏天，遇上暴雨，上游涌出山谷的小河都汇入此河，河流量增加，将平常清清的河水变得浑黄。这时候，两条河水并连，洪水一下子填满了二百米宽的河床，

从上游一泻千里，滚坡而下，势如万马奔腾。

西河经多年洪水的洗礼，河底有陡有平。陡处，河水流动快，哗哗作响，一路奔波，一路歌唱；平处，河水流动慢，叮咚如诉，打着漩涡，回旋流淌，一涌三返，缠缠绵绵。西河水因深浅不一，便呈现出不同的景色：浅水清澈，水底的顽石和鱼虾历历可见；深水幽碧，山色常随日光轮转，掠过清晰的影子。

夏季上午九点之后，平静的西河就热闹起来。村中的女人们结伴来到河边，找洗衣石洗衣。不一会儿，河岸上便聚集了十几处洗衣人。她们在河岸上说话、笑闹、唱歌，描绘出一幅极具乡野韵味的村姑洗衣图。女人们洗罢衣服，便把它们搭晒在河滩的石头上、草地上。不一会儿，河滩上便晾满了衣裳、床单、被单，五颜六色，分外美丽。

过了晌午，女人们一撤下阵地，青壮年男子便接踵而至。年轻人游进深潭，有分水游的，有钻水游的，有踩水游的，有仰面游的，宛若在表演水技。有几个调皮的小伙，赤身跑向沙滩，滚一身泥巴，再把脸也用黑腥泥涂抹，只露出两只眼，然后呼叫着，跑到潭边，蹦跳两下，做一个怪脸，一头扎进水里。

吃罢午饭，河道里总会出现几个背竹篓、提铁叉的捉鳖人。那时西河里鳖多，大的能达三四斤重，十分喜人。每到两三点钟，它们便爬上露出水面的石头上，把头缩进鳖壳里，一动不动地晒太阳。这些河鳖外表看起来傻乎乎的，其实很机灵，只要一听到声响，便立即跳入水中，游至隐蔽的地方藏起来或潜伏在水底。

放学之后，学生们便拥到西河，或钻进木桥下，或来到大石旁，有的洗澡，有的摸鱼捉鳖。他们人小石头大，鱼藏在石下摸不着，于是就四五人合围一块大石或桥墩，从四面围拢合捉。他们一旦捉到鱼，便放入小桶，高兴得欢呼雀跃。有时候，

他们围拢一个小石头，时常把别人的手误当成鱼，死死抓住不放，用力拉拽。等到对方呼叫，才知抓错了，忍不住哈哈大笑……

等夕阳挂到西山峰，玩耍的学生才恋恋不舍地离开西河。这时候，晚霞映红了水面，小鱼在大鱼的带领下，游游停停，不时吐着水泡。等太阳被山体掩去半个脸，游鱼忽然变换了游戏的方式，一条、二条、十条、成百上千条猛地跳出水面，翻个跟头，又钻入水中。此时，河面无数鱼儿跃动，水花四溅，宛若千万支箭投射水中。

夜晚，星月当空，活跃一天的西河悄悄隐入暮色，荡漾出阵阵银色的涟漪，仿佛低吟着河流的摇篮曲……

方顶赋（外二首）

江 媛

天地载物赋形，光阴荏苒回空。近得榴花之魂魄，远观五脊之沧桑。忆七月携友，再游方顶，不禁感怀古今更迭，楚声已去。然古迹历历，夫人事假我以文章，重窖授我以光阴，驻足流连方知古韵悠长，遍访后人才得方顶精髓。闲来饮酒品悲欢，情重尘薄挥笑谈。朝闻倦鸟啼古道，夕见女儿候郎归。遥看夕阳采采，青山寂寂，何不飞檐招日月，豪情斗文章！

箜篌引

君去十八年，榴花照空闺。小院植菜蔬，日日盼君回。檐下飞雏燕，古道草凄迷。迁延岁月久，辗转暗夜长。遥看嫦娥冷，青春到白头。闲时照镜子，掩面吞声悲。待君归来日，韶华去无留。执手看旧巢，相忆在良宵。问君去日久，异乡何营营？相对两唏嘘，捧茶泪双啼。

方顶行

飞檐挑日月，六兽卧五脊。

才览翰林书，又进武生门。

青山宿倦鸟，寨墙入街深。

汉砖眠高丘，偶然现龙纹。

流传楚王鼓，依稀战马鸣。

九天多幽梦，榴花落凡尘。

愿借百年曲，为君一歌吟。

三进方顶村

孙 红

　　午夜梦回。脑海里过电影般浮现出的是方顶村那万石垒建的石寨墙、屹立百年不倒的老屋以及一幅幅美丽的寓意深远的砖雕、木雕、石刻字画，还有那清末翰林赵东阶手握书卷勤奋苦读的身影、武秀才方兆麟舞动宝刀刻苦习武的情景……

　　三次探访方顶村，三次均是与人同往。很想一个人悄悄地走进古村，慢慢地走，细细地看，静静地想，但又怕独自承受不了那份厚重、那种沧桑、那点神秘。

　　忘了最早是怎么得知方顶村有明清建筑群的，只记得那时候就想亲眼目睹其芳容。不久，从区地方志办公室的资料中我初次认识了方顶村。那一幅幅精美的图片、一篇篇精心编写的文章让我看到了方顶村的古建筑特色，了解到了方顶村的历史文化，感受到了方顶村的人文精神。

　　这进一步激发了我探寻方顶村的兴趣。在因特网上查找，在百度搜索一栏中打出"郑州市上街区方顶村"字样，点击查看。原来，两年前就有"驴友"和摄影爱好者或成群结队或单人独往探访过方顶村。在网上我还了解到市、区两级领导对方顶村极为关心重视，市人大群众工作队还进驻方顶村，积极联系有关部门和单位通过医疗卫生、旅游开发、农业基础建设等渠道对方顶村进行帮扶，改善村容村貌和群众生活水平。关上电脑，我不禁低声感叹道："这真是藏在深山人不识，一朝露面动商城啊！"

　　初夏的一个上午，在区地志办的组织下，我有幸随同二十多位爱好文学、摄影的朋友们一起走进方顶村，亲眼观看它那独具中原特色的乡土建筑，亲手触摸它的砖石草木，亲耳聆听它的故事传奇。举头观望那些"五脊六兽""鹿含梅花""福寿康宁""天瑕纯瑕""卜云其吉"和"日月太极图"等等砖雕、木雕、石刻字画，它们种类繁多，刻工精湛，栩栩如生，寓意深远，我不仅被能工巧匠们的高超技艺折服，也真切地感受到了方顶村人对美好生活的向往和追求。用手触摸那棵在清末秀才方兆凤故宅中生长了百年的石榴树的树干，那算不上粗壮的树干上的树皮黝黑龟裂，但它那满树的叶绿花红分明昭示着自然界蓬勃的生机与活力，也书写着历经百年沧桑后的淡定与执著。

参观了方兆凤故宅中窑连窑、窑中窑、窑上窑的奇妙景观后，在凉爽宜人的窑内，我们听到了一位在此院中居住的普通女性的故事。故事中这位被称作二婶的女人在和黄埔军校毕业生的丈夫一夜洞房花烛后，丈夫便随大部队退居台湾。此后艰辛困苦的漫长岁月里，二婶抚养大了过继来的丈夫的一双侄子侄女，直至临终前，她才终于和回乡探亲的丈夫见了第二面也是最后的一面。从简单的没有任何感人细节的讲述中，我仍能听出：这是一个凄美得让人忍不住流泪的故事，这又是一个雄浑得让人感觉伟大的故事，这里面有封建礼教对一个女性尊严和自由的践踏，也凝聚了华夏女儿顽强坚毅、忍辱负重、吃苦耐劳、永不放弃的优秀品德。

第二次探访方顶，是在一个细雨蒙蒙的上午，随夫携女坐上了一辆 402 公交车。在车上，当我提到方顶时，一位面色黧黑、白发苍苍的大娘说道："噢，是去看翰林院的，那儿出过一位给皇帝当过老师的赵翰林。"我不禁笑了，我知道这位老人家说的赵翰林就是清末光绪二十四年中进士而入翰林院为编修的赵东阶，而她口中所谓的翰林院其实指的是赵东阶的故居。

下了车，走在山路上，到处都是养眼的绿色，乡土气息扑面而来。宽大的玉米叶、高搭的豆角架、浅紫色的茄子花、青青的小番茄以及红色的、粉色的指甲草……在细雨中显得格外明艳。我们边走边看，一路上赏心悦目。

进入方顶村，走过虎皮墙，走过石寨门，走在一条近两百米长的老街上，街两旁是一座挨着一座的老房子。我们的脚步停留在一座老房子面前，这是清末方兆图的故居。进入大门便看见二门内有一影壁墙，墙壁虽已斑驳，但上面直径几十厘米的"猫眼"却显得十分雅致。影壁墙下摆放着两个大石锁，据说是方兆图兄长武秀才方兆麟练武用的。指着这两个大石锁，我给女儿讲起了方兆麟刻苦习武的故事。方兆麟从小就非常喜欢武术。尽管父母反对，但他自制木刀，手举顽石，把家中的空院当成了练武场。每天只要一有空儿就去舞刀弄棒。几年过去了，他身体强壮，体力大增。父亲按照他的要求为他买了一把铁质大刀，从此，他四处寻师。一次，他在县城看到几个青

年人正在舞刀，就挤上前认真观看，仔细揣摩，熟记刀法套路，回家练习。每隔几天，还要跑几十里路去向那几个青年人虚心求教。后来在一位青年的帮助下，他买到了一本刀技书，更是如获至宝，愈加苦心钻研，勤于练习。数月后，套路娴熟，刀技猛长。后来又在名师指点下继续苦学精练，将一把大刀舞得出神入化。如果说方兆麟的故事给我的启示是"兴趣是最好的老师"，那么赵东阶的苦读又源于什么呢？伫立在赵东阶故居前，我不禁陷入了沉思。在虎窝赵氏宗谱里有这样的记载：父卒也，公七龄，随母禹太淑人在侧，父以日后务读书为嘱，母泣而受之。比长，母督教益严，公亦刻苦自励。毋庸讳言，是父亲的遗嘱、母亲的督教和改变自身命运的强烈愿望使赵东阶自幼就孜孜不倦地勤奋好学。

"宝剑锋从磨砺出，梅花香自苦寒来"。身着长衫、脑后梳着长辫子的方兆麟和赵东阶——一个腰挎钢刀，一个手握书卷；一个器宇轩昂，一个浩气凛然——微笑着走过长街，将"知之者不如好之者，好之者不如乐之者"一遍遍吟唱，引领着方顶村的子孙后辈们走出大山，走进省城，走向更广阔的世界。无论是曾任上海解放军第二军医大学脑神经外科主任、被誉为"脑科第一刀"的赵东阶曾孙赵孟尧，曾任中国航空物探总局总工程师、现在是博士生导师的方兆凤曾孙方迎尧，还是曾任驻坦桑尼亚外交武官、回国后在河南省外贸局工作的方振华，曾任郑纺机经理、2011年调中央纺织机械部工作的焦春阳，还有参军后上军校、后在国防部工作的焦连芳……虽然他们身处异乡，不能常常回归故里，但他们会时时想念故乡的山山水水、父老乡亲，梦里回来千百遍。

当我第三次走进方顶村，我在程湾看到了那座背靠背建造的几百年不倒的老屋和现在仍居住在里面的人们。我知道了几百年前水上交通远比陆路交通发达，沧海桑田，山脚下那一片沃土在我的眼前霎时演化成一条波光粼粼、杨柳依依的清河，我听到了新的故事和传奇，有了新的人生感悟。

李白说："相看两不厌，只有敬亭山。"我没有登临过敬亭山，但三次走进方顶村却让我理解了这两句诗的内涵，方顶村于我亦是如此。方顶村啊，每一次读你，我都有新的感觉新的收获，你古老而新鲜，你简单而丰富，你让我流连忘返，让我百读不厌！

行走方顶

周玉梅

夏天的石榴花是方顶村这个古老的村落最亮丽的色彩。

方顶村位于郑州市上街区峡窝镇南部的五云山下，这里有总面积上万平方米的明清建筑群，一百余座古民居，是中原独特的乡土建筑文化的代表。

行走方顶村，惊叹于这里乡土文化的厚重、神秘，也惊叹于这一方水土在时光飞逝、红尘万丈中保持的静谧和美丽。

解读方顶村的古建筑，不能不先解读方顶村的古寨墙。残存的二百多米明清时代的寨墙俗称"虎皮墙"，由不经过琢磨的西瓜大小的红顽石层层叠叠堆砌而成。顽石之间用石灰勾缝，自然形成的图案拙朴大方，是方顶村独特自然和人文景观的组成部分。

抚摸着古寨墙上风霜留下的痕迹，抚摸着岁月斑驳的记忆，一首古老的歌谣从历史的深处飘来，在时光的隧道里回荡，在那青砖灰瓦的古建筑群落中缭绕。

"换瓜——""换碗——"石板路上，绿荫下，偶尔会传来小贩们拖长音调的吆喝声。村人听到吆喝声便用簸箕或编织袋盛着玉米、小麦、黄豆，纷纷走上街头围住小贩，一番讨价还价，用粮食换取他们需要的货物。这种以物易物的古老的交易方式，不禁让我想起童年时，故乡村头，货郎挑着担，摇着拨浪鼓，吆喝换针换线换糖豆的情景。恍惚间，光阴从指间滑落，这存在了几千年的的吆喝声在城市和很多乡村已经散去，袅袅的余音在这里悄然回响。

近两百米长的古街两旁，青砖灰瓦的老房子一座紧挨着一座，栩栩如生的游龙、

奔鹿、麒麟、蝙蝠、绣球、牡丹、莲花、寿桃等砖雕图案似乎正在诉说着陈年往事。那往事中有青苔，有霜雪，有村落千百年来的荣辱兴衰，有农家庭院里青枝绿叶的石榴和桃杏，更有村民朝朝代代的悲欢离合。

石磨、石凳，在乡村街道的一角静静地沉寂。沉淀了几百年的时光，在这里似乎已经停滞了，一口老井被封存于地下，井台和辘轳在墙角静默。荒弃的老屋上，雕花的屋檐褪去艳丽的色彩，回归了木头最本真的模样。有几只麻雀在吱吱喳喳地跳跃。破损的窗台上没有窗棂，像村中废弃的小路，风可以走，雨可以走，鼠雀虫蚁也可以任意走。屋里随意堆放的家具也许是明朝的太师椅，也许是清代的八仙桌，厚厚的积灰如厚厚的烟尘锁住它们曾经光鲜的外表……

来方顶村当然要参观方氏祠堂，方氏祠堂是方顶村民俗文化积淀中最厚重最富代表性的部分之一。"洪洞迁来数百年，子孙繁衍万代传"的对联，传递出这座乡村祠堂古老的气息。方氏祠堂建于清代乾隆年间，有正堂三间。正堂中间靠墙供着方氏祖先牌位，东侧的厢房是方氏家族议事的地方。高台门楼，

挑角飞檐，饰有精美的砖雕。当年，这里曾经举行过春秋祭祀，威严肃穆；如今，庭院里萋萋的荒草，门楼上斑驳的砖瓦，让人在欣赏其悠远的历史与人文积淀的同时，把许多感慨化作一声轻轻的惊叹。

方顶古村落是目前郑州境内发现的保存基本完整、面积较大、距离市区较近的一处传统民居建筑群，一百多座古香古色的老宅院，是藏在深山中的璞玉，承载着大量物质和非物质文化，纯真、朴实、可爱，完全原生态，没有现代人工的装饰，却有穿透心灵的震撼。

清末秀才方兆凤的宅院，门楼上方有脸盆大的内方外圆的车轱辘钱砖雕，门头上饰有盘龙、麋鹿、牡丹、荷花等木雕图案，临街房四角砖柱上雕有

"福""寿""康""宁"四个大字。这里蕴含着中国传统的人文情结，凝聚着人们对幸福平安祥和以及家道兴旺的美好期盼。

正院，有一孔明朝建筑的窑洞，窑脸上有"富贵吉祥"图案与"卜云其吉"楷书的砖雕。院中，百年石榴树开满猩红的花朵，一朵花，就是一个写满沧桑的故事。屋顶历尽风霜的瓦片，脚下厚重的黄土，古朴的青砖，幽深的窑洞，青翠的枝叶，猩红的花朵，这一切你尽可以去近距离地触摸，然后，去遐想，去感受。

不用拂去岁月留下的尘土，这个院落就是很清晰的中原窑洞形制的缩影。进入正窑，往西一拐，是一孔窑，叫作"窑连窑"。进入西窑，内里一走，

里面有一窑，叫作"窑中窑"。正窑门外，拾级而上，上面还有一孔小窑，叫作"窑上窑"。窑洞里，清凉彻骨；窑洞外，骄阳似火。这座窑洞封存着一个凄美的爱情故事：一个十几岁的新婚女子住在这里，等她外出的丈夫回来。她的丈夫先是黄埔军校毕业生，1946年去了台湾，此后杳无音信。乡村的细雨敲打出等待中的绵绵思绪，院中百年的石榴树啊，见证了这一切。那些雪夜纺线的声音，那些春夜织布的灯光，那些数着石榴花看果实初成的清晨，那些石榴叶在风中飞舞的薄暮，风雨无情，她独自守候。四十一年后，她的丈夫归来探亲，他儿孙满堂，她鬓发如雪。如今，这个故事和故事中的许多故事一起随着流年逝水成了过去的故事，院里那棵石榴树年年依旧缀满红花，如猩红的叹息。

清代翰林赵东阶故宅横梁上"中华民国十一年，孟夏月，屋主赵东阶率子印绶暨孙继翰、继超、继端创修永用"的字样清晰可见。门头上，"天瑒纯嘏"几个字寄托着主人美好的期望。赵东阶故宅建筑包含着传统的宗教观念、风水文化气息，充分体现了士大夫情结和传统的入世思想，建筑主体上的砖雕装饰、木雕点缀在一定程度上反映出方顶村的文化积淀与文化高度。顺着窄窄的楼梯登上东配楼，木质楼板因年代久远有一部分已经朽了，雕花的窗棂透出外边的阳光和绿色。几件年代久远的家具，似乎还隐约带着赵家鼎盛时期渲染的花香和书香。这里后来做过人民公社方顶大队的大队部，满墙"文革"时代的宣传画和标语，传递着历史变迁的痕迹和文化沉积的层次。

清代武生方兆麟练武用的大石锁还在，他挥舞大刀的英姿被乡亲们津津乐道。方兆图宅院的影壁墙上，一个圆圆的孔洞，有灯火熏燎的痕迹。三更明月五更鸡，当年宅院的主人与其兄长方兆麟曾经发奋练武，一心要报效国家。石锁上汗痕依稀，院中铺地的青砖已经风化，砖缝中有自然生长的野花在风中摇曳。

　　清代拔贡方兆星的宅院，瓦松在年代久远的青色瓦片上长成微缩的茂密森林，五脊六兽在阳光下闪着幽亮的光……

　　穿越百年风霜，方顶村古建筑有些已经灰暗破败，有些已经颓废坍塌，有些坚固如初。古院落里，有些生息渐微，只有衰草古树；有的则依然热热闹闹，生气勃勃，住着几代村民。在这里，无论是倾颓的旧阁楼，瓦片上的荒草瓦松，古老的传说，街角随意堆放的砖瓦，院内一个小小的木凳，都有时光打磨的色彩，无论它们以何种姿态存在，都带着其浓重的文化气息和历史沧桑的印记。

　　方顶村，是一部明清村落建筑历史的典籍，是一座敞开着的，人们可以在经意或者不经意间走进的古村落建筑和中国乡村传统文化的博物馆。

　　方顶古建筑，伴随着历史的脚步而演化，是中国传统文化延续的脉络、积淀的精华。听村里的老人说，这些带着中原文化鲜明特色的古老建筑都是村民们自己设计的，其布局、建筑风格凝聚了丰富的历史、科学、社会、艺术等方面的信息。

　　这是方顶村村民世代休憩之地，也是他们世代守望的精神家园。

在繁衍不息的生命轮回里，方顶村特有的民俗文化在岁月的缝隙里流淌，厚重，空灵。

每年清明和农历十月初一，方顶村都有"坟会"。各姓村人都要在本族长者的带领下，到祖先坟上扫坟、祭拜，村庄漫长的历史河流在这里闪烁着粼粼的波光。随着本族长者的讲述，本族历史中一个个生动的故事，一段段经典的传奇，渐渐变得清晰起来。那些代代相传反复诵记的名字，是方顶村的光荣和骄傲。一段段往事，或温暖或冷酷，都可以教育后人不忘祖德，重温族规、族训。

年年正月十六，方顶村都会"绑灯山"，组织高跷队，"挑卧竿儿"……

方顶村是一首古老的歌谣，这幽幽的歌谣带着厚重与馈赠、责任与传承，有深深的感恩，有珍惜与守望，有嘱托与使命。

走进方顶，你可以通过研究一个庭院的发展来找寻历史走过的轨迹，探寻一个明代的衣橱上的装饰图案来梳理文化脉络，审视一个清代书柜上的楹联来探究如山涧溪流汇聚成河的乡村文化根源。这里寻常可见的明清时代的器物是传统农耕文化和人文精神的载体，包含着深邃的哲学理念、空阔悠远的审美意境。

今日的方顶，是古老与现代的集合体。大片的古建筑旁边，现代化的楼房拔地而起。和着时代的旋律，新农村建设给方顶的发展提供了更加壮美广阔的空间。上街区政府打造人文方顶、旅游方顶的规划，让这个古老的村落焕发出勃勃的生机。

行走方顶，唤起的是关于故乡的久远的记忆。儿时的故乡，是青砖灰瓦的房子，开着白莲的河湾，长满红菱的池塘，夕阳下袅袅的炊烟，野花草尖上晶莹的露点。现在的故乡是钢筋水泥的丛林，是熟悉的陌生的所在。那雪夜围着红泥炭炉煮茶聊天，夜阑兴尽，听雪落地上沙沙有声的故园情景，永远成了记忆中的美丽。行走方顶，感受的是陌生中的熟悉，是来自方顶遥远过去的幽微气息。此刻，对故乡的思念如花瓣摇落，盖住岁月的蹄痕，蔓延在脚下的路上。

　　行走方顶，在心疲惫的时候，方顶的云如故乡的云，掠过青翠的树林来入梦，梦中有蓝蝶飞翔。方顶的河如故乡的河，河上的浪花很轻盈，菱花是微微的红，荷叶是醉人的青。

　　行走方顶，其实是在寻找一个童年的梦，寻找红尘万丈中心底的宁静。

　　也许在不久的将来，我和朋友们可以以游客的身份住进方顶，在这些古老的宅院盘桓，喝古井里汲出的水酿成的酒，为朋友和家人挑选方顶古老的织布机中织的土布做纪念，买些具有方顶特色的农副产品当礼物，那精美的包装上，一定会有方顶古建筑物的剪影。

　　方顶村，是一首古老的歌谣，是一个现代文明中的传奇。

如是我闻的方顶古村

王立新

《楞严经》云：不知色身外洎山河、虚空、大地，咸是妙明真心中物。

——题记

一

二十五年前，当我还在竹川太溪池旁的逍遥观里教学时，就已听说了方顶村。纯粹是与同事闲聊的一种偶然，没想到竟成了写作本文的一个缘起。

那时的方顶，在我眼里不过是姓方的家族集中居住的一个村落，不觉它有何引人关注之处。课余时间，登上逍遥观旁边的一个山头，近望是一大片茂盛的竹林，往东南远眺一个岭高的地方，便是方顶村了。朦朦胧胧，从远处吹来一缕轻风，夹着附近竹林特有的清香，仿若一曲天籁在空中荡漾，方顶静默地伫立在那里。

二

2012 年盛夏的一天，友人朱君邀我小游方顶。坐上朋友的车子，从上街中心城区出来，也就十来分钟的车程就到了方顶，一路上尽听他叙说方顶村的人文历史和有关明清古建筑群的发现经历。真该感谢那些发现者们：如果不是三年前郑州市考古研究院那一行人到此考察，恐怕被称为"陌上古村落"的方顶至今仍可能"藏在深山人未识"。

　　顺着逶迤山路，车似乎在茂密的树林中穿行，左绕右旋，给人以曲径通幽之感。两旁高低错落的麦田黄灿灿的，在沟边地埂葱茏绿树的镶嵌下，犹如天上飘下来的金丝地毯。方顶村的地貌呈龙形状，像大自然馈赠的巨型篆刻灵动飘逸，又如《易经》乾卦所说的"潜龙在渊"，时刻准备着蓄势待发。搁在过去，那可是人人心向往之、择居而栖的风水宝地。

　　很敬佩方氏族人的先祖们，他们不愧是方顶村落的最先开辟者。

　　站在村口深深地一望，似乎不是我兴冲冲地来到了方顶，而是它刚从六百多年前的时空穿越而来。夕阳笼罩下，方顶犹如一幅珍藏了近千年的水墨图画，古色古香，清幽雅致，神韵无穷，有一种现代都市难得一见的质朴美。

三

　　任何对美的感觉都是一种身心感受。小时候在广播里听殷之光朗诵《可爱的中国》，当他诵到"雄伟的峨嵋、妩媚的西湖、幽雅的雁荡"那段话时，给我印象最深的就是那句"中国无地不美，到处皆景"。

　　其实，自然的蓝天、大海、山川、土地、经典建筑，等等，会因其内在的蕴涵使人感到无比的壮美。人作为自然界的一员，重要的是发现美、感受美、享受美、保护美。否则，自然不会成为人类生活的天堂。

　　没有人类求美之心的参与，世间就没有美可以被发现。对方顶古村落美的感受，无论是听来或看来的，无论是模糊或清晰的，无论是肤浅或深刻的，都因为你置"心"其中才能感悟。正如法国雕塑家罗丹说过的"美

是到处都有的，对于我们的眼睛，缺少的不是美而是发现"。对我来说，永远礼敬那些用"心"发现方顶之美的人。

四

第一次到方顶，因来去匆匆，只是看了个大概，我为没能切身感受"方顶之美"而遗憾。随后不久，我从友人朱君那里寻来一些散逸民间的文史资料，也参加了几次研讨会，从方联军和方山林老师那里也受教不少。研读思悟之后，我自己理解，即使是民间歌谣和传说，也并非凭空杜撰，它和历史文献一样都是历史记忆的不同表述方式。为感受方顶古村的幽雅神韵，我与友人朱君二进方顶进行历史与现实的探访。

一万年前，当人类还以磨制的石斧、石锛、石凿和石铲为主要工具时，在方顶村这块土地上就已经有了袅袅升起的炊烟、布满了拓荒者的脚印，至今尚有新石器时代的古文化遗迹留存。不过，真正使方顶村这块四平方公里的山地成为方姓族人定居的村落，当源于六百多年前明初时期发生的那场农民大迁徙。

"洪洞迁来数百年，子孙繁衍万代传。"三年前市考古队员就站在方氏祠堂的门前，抬眼望着这副大红对联，它似乎承载着方氏历代先人对故土家园的依恋和顾盼。其实，这副对联也是中原大地流传已久的民谣，从中也流露出发生在明朝初年那场大规模移民运动中的血泪情怨。

因此，我从小听到的洪洞县是"家"，大槐树是"根"，不仅是历史的流传，也是那场大迁徙留给华夏民族的永恒记忆。方氏族人一定有诸多故事在那场大迁徙中演绎，方氏祠堂当是方氏后人"崇宗祀祖""报本返始"的孝思传递。

夕阳下，建于清代的祠堂砖瓦斑驳，墙与影在蓝天的映衬下显得格外灰黑凝重。历经岁月沧桑和劫难后，带着一个家族的故事传奇，方氏祠堂"归去来兮"。在青山绿野中门楼上"五脊六兽"昂首端坐，砖雕上的游龙、奔鹿、麒麟和蝙蝠悠然地听着那远山空谷里的鸟声与蝉鸣。

五

"绿树村边合，青山郭外斜。"从方氏祠堂来到古街口，一时间我的意识好像飘到了方顶村的上空，孟浩然《过故人庄》描写的那幅富有诗情画意的美好景致似乎浮现在我的心上。正是半下午的时候，我与朱君被夕阳投影在一条近两百米长的街巷里。街巷不宽，窄窄的有点儿斜，过个小轿车还可以，想调头却很难。街两旁尽是一座挨着一座的老房子，大大小小有百余座。大部分墙体都有砖雕，屋檐上也满是雕花。据专家考证，这些老房子都是清代和民国时期留下来的。

古街里大部分住户都已搬到了附近岭上的新居，还有部分宅院住着人。走在这幽静的古街上，在无限好的夕阳映照下，一幅温馨恬静的图画就这样展现出来：树枝托着翠绿的叶子轻轻地拍打古老的院墙，豆角秧和黄瓜藤缠着树干争着爬上树杈，黄蜂嘤嘤地在它们的花蕊间去而复返，不知是谁家的白发老头老太坐在门前的石凳上唠着闲嗑，几张灿然的笑脸荡漾出如喝美酒般微醉的桃红，再加上不时有鸡鸣犬吠天籁之声伴奏……真可谓：欣欣然耕乎畎亩，不识羲皇；悠悠然顺乎天命，谁解老庄？

　　即此不由我不羡慕古村农家的安然闲逸，怅然自己身处闹市机关的搔首弄文，慨叹"何苦漂泊人做马，不如归去牛耕田"的牧歌，渴盼有朝一日也能如陶翁归田，先把采菊的幽情托于琴酒，再把生活的闲适寄寓东篱，然后悠然地看南山的飞鸟在晚霞中翩然归来。

　　今天，人们生活在一个非常现代、非常喧闹的社会当中，城与乡的概念日渐淡化，汹涌而来的新型城镇化浪潮让这个世界失去了很多充满温馨、充满诗意的村庄，也迫使千百年来散居在农村的人口"结庐在人境"。陶渊明在《桃花源记》中塑造的田园牧歌式的居住环境，"土地平旷，屋舍俨然，有良田美池桑竹之属。阡陌交通，鸡犬相闻。其中往来种作，男女衣着，悉如外人。黄发垂髫，并怡然自乐"，似乎将永远成为未来人们生活的一种奢望。

六

人新看脸，村古看宅。看方顶村的老宅犹如看罗中立的《父亲》油画：被艰辛岁月刻满了皱纹的古铜色老脸，曾开垦过多少绿野荒田的犁耙似的双手，曾扒进多少糠菜粗粮的干裂嘴唇，那浑浊却透出内心无限个期望的双眼，貌似灰黄的土里土气却能迸发出一种咄咄逼人的沧桑，承载着让人难以释怀的厚重。

在这里，每一座老宅都藏着一段鲜活的历史。最有名的宅院大约有六七处，有清代翰林赵东阶宅、清代武举方兆麟宅、清末秀才方兆凤宅、清代拔贡方兆星宅等。因为处在农耕文明时代，这里又到处是黄土丘陵沟壑，整个方顶村的老宅也就利用地势靠山而建，多呈前宅后窑式的四合院型。

进入清末翰林赵东阶的故居，正院主窑门上的"天锡纯嘏"砖雕匾额散发着浓浓

的古意，字很生僻，显示了宅主不凡的学识，表达了天降大富大贵的一种祈愿。登上赵公家的卷棚楼，抬眼可见横梁上修葺房屋的记述，时间记于中华民国十一年，距今已九十年。赵公常书唐开元尚书丞相张九龄遭谗被贬谪后的《感遇十二》诗句，其龙行虎步的书法配上"幽人归独卧，滞虑洗孤清……日夕怀空意，人谁感至精？"的古韵诗风，格调高雅，传情致远。赵公学问一流，曾领衔编修《汜水县志》，还到嵩山脚下讲过理学，是方顶村有史以来最有名的文人学士。

方顶保存完好至今还有后人居住的当属清末秀才方兆凤的宅院。其宅坐北朝南，位于古街的中段。大门高高的，很有气势，门上方有一状似铜钱的内方外圆的砖雕，一圈饰有盘龙、麋鹿、牡丹、荷花等木雕图案，喻示荣华富贵；临街房的装饰也很讲究，内外四角分别嵌有"福""寿""康""宁"篆书砖雕，表达了封建时代文人对小康生活的一种理解和向往。走进正院，可见一高大窑洞，据主人讲建成于明朝。整个窑脸也是砖雕装饰，搭配"富贵吉祥"图案，并以楷书雕刻"卜云其吉"作为门头匾额，意谓：如果以卦卜之，此处当属吉祥之地。看来，古时居家建宅，多请风水先生，今人也沿袭这一传统。而方家旧宅最独特的地方就是事先考虑了防患于未然，大门是防盗防抢的暗锁加杠设计，实在不行了还可以退到从正窑之西窑的"窑中窑"。据方联军老先生讲，战乱年代的一次土匪来袭，他们方家人躲进窑洞四天四夜，匪徒硬是没有得逞，由此也使得"卜云其吉"名不虚传。

其实，方顶村可看的还有很多，正如现任河南省民间文艺家协会副主席夏挽群先生在论及古村落保护时所言："来到这样的古村，百姓们在田园里春种秋收，熬过酷暑严冬，在这里婚丧嫁娶，度过喜怒哀乐，创造着属于他们自己的信仰、崇拜、伦理、亲情、文学和艺术……一切都是闲适的、恬淡的、舒缓的，执掌着这一切的是传统的力量。这就是自己的家、自己的家园、自己的国家。这一切远远超出乡愁的含义，它其实是在提示，用一个民族渗透在心灵中的传统，一种穿透进精神深处的根的深度，提示我们：这些村落如今到了我们承上启下的这一代人的手里，我们不能任其彻底毁灭，因为它们是历史的证据、文化的根脉、情感的归依、精神的家园。"

七

二次探访归来，我听说郑州市的新型城镇化目标，是要形成一个具有自然之美、城乡和谐、社会公正的现代田园城市，这对方顶古村落的保护来说应算是一个福音。

在我看来，像方顶这样的古村落中国还有很多，它们在漫长农耕文明时代形成了各具特色的田园牧歌式的居住，向世界展示了一幅幅"天人合一"的瑰丽画卷，是中国和谐社会与和谐文化诞生的根基，当属天地之大美，人类未来之仰望。

八十年前，梁漱溟先生曾经说过："如果中国在不久的将来要创造一种新文化，

那么这种新文化的嫩芽绝不会凭空萌生，它离不开那些虽已衰老却还蕴含生机的老根——乡村。"八十年后的今天，梁先生的这句话依然没有过时。

无论未来怎么发展，这种田园牧歌式的居住都必须与我们人类相伴而行，离开它即使天上的阳光依然灿烂，大地也必将会失去令人心醉的繁荣。

如何让田园牧歌式的居住不至于离我们远去？《华严经》说：心如工画师，能画诸世间。只要人类有心画美，田园牧歌作为人人妙明真心中物，一定会呈现在广袤的山川大地上。

神 Shen

明风清雨在方顶

宋 亮

郑州西南行四十公里，在上街、荥阳、巩义三地交界处，有一古村唤作方顶村。

方顶村位于五云山北麓，地势险要，位置优越，又依山傍水，闹中取静。它西邻汜河，北靠310国道，目前是郑州市上街区的一个行政村。古时，这里商道纵横，四通八达，水陆兼备，商贾云集。如今，这里尚有寨墙、垛口、祠堂、庙宇，更有百余座明清民居建筑，错落有致，散布于大街小巷。尽管其规模不等，风格迥异，但一色的土墙石砌，青砖灰瓦。大多建筑门楼高大，飞檐斗拱，雕梁画栋，匠心独具，真实再现了明清时期中原独特的民居特色和乡土建筑风格。

既不靠近州府，又远离繁华都会，在这样一个偏僻的丘陵山地，为何会诞生这样一座古村落呢？据说，方顶历史悠久，早在新石器时期就有人类在此繁衍生息，并留下众多古文化遗迹。至元末明初，由于连年不断的战火和巨大的自然灾害，致使中原地区人口稀少，土地荒芜。洪武年间，大批人口自山西迁徙而来。其中一支方姓族人，在汜水河边的山丘上凿壁挖窑，定居下来。后来随着人们的生活有所好转，便修宅筑寨，建设庙宇、祠堂、碑楼及亭阁等，渐渐形成规模。虽历经数百年风雨洗礼，但不少建筑依然保存完整。像清末翰林赵东阶府第和清末武秀才方兆麟、文秀才方兆凤的宅院等。今日看来，辉煌尚在，风韵犹存。

方顶村不大，至今不足1600人。但数百年来，古村人才辈出，彪炳千秋。最为著名的当数清末翰林侍讲赵东阶和他父亲举人赵璧，还有武秀才方兆麟、文秀才方兆

凤、拔贡方兆星等。

　　据《虎窝赵氏宗谱》记载，赵东阶，字跻堂，又字次萼，号金犊。为何名号金犊呢？原来还有段故事：其父赵璧，道光辛卯科举人，任商水县教谕（正八品）时，夜梦一老人，牵一金牛犊相赠。数日后，赵东阶出生，遂以金犊为号。然而天有不测风云，就在赵东阶刚满七岁时，已被保升知县的赵璧尚未到任却因病撒手人寰。年幼的赵东阶遵其父"务读书"之嘱，刻苦自励，虽严寒酷暑，读书未尝一日懈怠。光绪十四年，他在乡试考中第九名。光绪二十四年，荣登进士二甲四十一名，后授翰林院编修，主要负责编修国史。光绪二十六年，八国联军进犯京师，慈禧太后及京师各衙署官吏多逃避，而赵东阶却声称"史官当与史馆同在"，并坚守不去。后赵东阶出任顺天府乡试同考官，后晋为翰林院侍讲衔。清朝灭亡后，赵东阶回归故里，曾主讲于登封嵩阳书院，总修《汜水县志》。他一生生活简朴，淡泊名利，潜心理学，在教育、书法等方面成绩卓著。如今，他的书法作品还散见于书画收藏市场。

　　文能安邦，武能定国。在小小的方顶村，也不乏习武之人。

赵东阶府第斜对门，有一个典型的四合院，是清末大户方兆图宅院。进入大门，有一影壁墙，砖雕装饰，甚是精美，墙中间修有观望孔。方兆图宅院四面房子保存基本完整，正房依坡而建，共两层，均接连窑洞，美观而实用。院内还有一个几百斤重的石锁，锁上有刻字，为方兆图兄长方兆麟习武专用。据村里老人传说，方兆麟身材魁梧，武艺超群，力大无比，能舞动百斤大刀，能拉动粗弦硬弓。按说，凭他这样的本事，绝不应该只考个武秀才。原来他在正常的考试后，群情激昂，呼声四起，他本人也是意犹未尽，便又增加了额外的表演项目。最后由于表演时间过长，大刀一时脱手，不得不屈就武秀才了。

方顶村的明清建筑，多是依坡而建。随着地势的变化，这些建筑高低起伏，错落有致，时隐时现，造就了街道空间的丰富和多变。大多建筑的上房都接连窑洞，有窑连窑、窑中窑、窑上窑，有砖券窑、石券窑、木框窑。这些窑洞节省空间，结实耐用，是其一大特色。其房屋多为硬山房、高起脊，门楣、榫头、拐角等处多使用砖雕、木雕、石刻等。有的门面雕刻了二十多种不同的图案，花鸟走兽祥云皆有，寓意以祈福、纳财、

贺寿为主，雕工细腻，栩栩如生，显
示出极高的艺术水平。房顶多采用单
面坡顶或起脊的双面坡顶。用瓦有单
层仰面的，也有双层合瓦的，防漏性
更强。尤其是房子的顶部，都修起了
五脊六兽，尽显家庭的富有和门庭的
气派。

　　在老街的最中央，坐北朝南的一
座四合院是清末文秀才方兆凤故居。
上房是砖券窑，下方是楼房，共两层。
东西房也都是两层，内有木楼梯供人
上下。顶部有五脊六兽的砖雕，工艺
十分精湛。方家后人七十多岁的方联
军老师一家，一直住在这座老宅里。
就是在盛夏三伏，房内也不需要电扇，
更不必使用空调。窑洞的地上，随便
摆放着时令蔬菜、水果，还有几块上

年的红薯。这简直就是一个特大型的冰箱啊！

…………

欣赏、惊叹、感慨之余，笔者不得不进一步思考这样一个话题：在这样偏僻的丘陵山地，是什么成就了方顶的辉煌呢？是民风民俗，是民心民情，更是崇尚教育。当地村民中流传着这样一句话："咬牙束紧腰带，也要孩子读书。"无论穷富，供孩子读书都是每一个家庭的第一要务。清末一个时期，仅方顶村所在地就有六家私塾。村上的孩子都能就近读书。当时村里学习风气十分浓厚，虽然教育方法落后，但大多数农家子弟都因而能识字看书，其中也不乏成功成名者。仅民国时期，就有四五名黄埔等军校毕业生。20世纪70年代，村里还有高中教育。如今，村里的和出去的各类教师四十多名，有讲师、教授、博导，也有学士、硕士、博士，可以毫不夸张地说，这是一般村庄都难以望其项背的。

走近方顶，触摸的是一块巨大的文化瑰宝；走进方顶，领略的是一道美丽的民族风情；走过方顶，感知的是一段激荡的历史风云；走出方顶，难忘的是一幕诗意的明风清雨。

楚庄王军营遗址的传说

焦根玉

楚庄王争霸中原

方顶村位于郑州市上街区西南隅，地处伏牛山余脉和华中平原接壤的丘陵地带。它的西边是汜水河谷地，东边是棘寨河河谷。棘寨河发源于五云山北麓的荆棘丛中，蜿蜒绕过村北擂鼓台流入汜河。《水经注》云：水出于嵩清之山，泉发于层阜之上，一源两发，分流注泻。桃花河向南流过佛陀寺，经紫金山克家寨会徐家泉而西，更名曰泥河入于汜；竹叶河向北流，更名为棘寨河。此两河分而复合，环抱五云山。方顶村就坐落在这半岛式的丘陵上。它宁静、安逸；土地肥沃，空气湿润；河谷流水潺潺，丛林鸟语蝉鸣；村落中，男耕女织，牛羊哞咩；学堂里讲经论道，书声琅琅。千百年来，人们世世代代就在这古村落里繁衍生息，过着无忧无虑的生活。

传说春秋时代楚庄王从楚国带兵到中原打仗，就驻扎在吉泽河（棘寨河）谷里，有许多庄王征战中原的传说故事。两千五百余年后的方顶村人老幼皆知。村子里一些地方的名称，至今仍被方顶村及周围乡民认为是楚庄王称霸中原的遗址：擂鼓台、点将台、喇叭沟、营盘沟、孙叔沟（当地人传为老鼠沟）、太子沟、庄王坡、娘娘沟、巡回沟等，这些地名伴随着它的故事流传至今，人们仍然那样称呼它。

棘寨河楚庄王建军营

楚庄王争霸中原的主要对手是郑国和晋国。楚国征服了邻邦郑国以后，郑国马上又投向了晋国。邲之战使晋军伤亡惨重，也奠定了楚国的霸主地位。战争结束后，令尹孙叔敖对庄王说："总结前几年的经验教训，根据战争远离楚国本土的实际情况，为确保楚国的霸主地位和安全，我建议在郑国选择一个地方建立军营，驻扎部队，用武力震慑郑国的反抗，对晋国进行防御。"楚庄王接受了这一建议，就派人四处寻找适合建立军营的地方。当楚庄王来到棘寨河谷时，觉得这个地方非常合适。听说这个小河谷的名字叫"吉泽河"（棘寨河原来名字），很高兴地对孙叔敖说："吉者，吉祥幸福之意，一切可以逢凶化吉；泽者，有滋润，有恩惠。这真是上天赐给我们的一块宝地啊！"

棘寨河谷地确实是建立军营驻扎军队的好地方。首先，棘寨河谷地的地形地势结构特别，形势险要，易守难攻。在棘寨河流入汜河的地方，谷口两边屹立着两座对峙的小山包，地势险要，就好像一座城池的两扇城门一样，有一夫当关万夫莫开之势。站在这两座山包上，都可以纵览汜河谷地数里之遥。棘寨河谷内，自然形成的小山谷地势平坦，可以驻扎千军万马。其次，棘寨河水源充沛，能够供给士兵和战马饮用。据传说：棘寨河水还有一定的药用价值，人身体如果受外伤，用其他地方的水洗，伤

口会红肿化脓；用棘寨河的水去洗，伤口会很快愈合。因为棘寨河发源的水潭中生长着多种属于中草药的植物，这些植物在水中浸泡，其水就具有一定的药效，可以医治创伤。

经过多方调查，楚庄王对大家说："这里水源充足，空气湿润，地势险要，安全可靠。夏天，山沟里气候凉爽；冬天，在山沟里驻军，能抵挡寒冷的侵袭。这很适合我们南方士兵的生活习惯。前年冬天我们和晋军交战，由于天气寒冷，大部分士兵冻饿而死，我们吃了败仗，我们不能忘记那次教训。"于是楚庄王就决定在棘寨河谷建立军营。

从现在棘寨河谷地许多地方的名字就可以看出当时楚庄王军营的分布情况。

擂鼓台和点将台　在棘寨河流出山谷的地方，南北两边屹立着两座对峙的小山包，南边的叫作"擂鼓台"，北边的名叫"点将台"。设在擂鼓台和点将台的瞭望哨可以一览氾河谷地数里之遥。在这里发现了敌情，可以立即擂鼓报警，点将台上能及时点将派兵出击，确保大营的安全。

喇叭沟　擂鼓台附近的一个大山沟，传说是楚军三军主帅的驻地。据说在沟口吹起号角，整个河谷各个地方都能听到。全军上下的一切行动命令都是通过号角声从这里发出去的，故后人称为"喇叭沟"。（当地人又称它为"哑巴沟"。原因是喇叭沟内部结构十分特殊，没有回声。正因为如此，在沟里吹起的喇叭声音才特别清晰嘹亮，响遍整个河谷。）

在喇叭沟里，现在还存有一处古地道口，距地道口十多米深的地方已经塌陷。传说这个地道和巡回沟相通，通过地道把太子沟、巡回沟连系起来。

孙叔沟 当地百姓传为老鼠沟，传说此沟以令尹孙叔敖在此驻扎而得名。楚庄王每次北伐都带令尹孙叔敖随军当参谋。楚军的北伐战争以及国家的各项大事都是在这里商讨和决策的，这里是楚军大营的参谋部。

营盘沟 传说这里是楚军储备物资的仓库。楚军的大批军粮和其他各种物资都储备在这里，以备军用。（当地百姓传为"蝇子沟"。这里是楚军仓库，储备有大量的金银以备开支使用。而"银子"和"蝇子"声音近似，故传为"蝇子沟"。）

巡回沟 又称为"回沟"。传说这沟里驻着一支警卫部队。因为此沟和氾河谷地相通，在氾河东岸的山崖边，经常有巡逻的人员来来回回地游动。一旦发现氾水河谷中有敌情，就立即从地道中将情报传送到喇叭沟大营统帅部。统帅部会马上派兵迎敌。

太子沟 位于棘寨河南边，由虎林关直通氾河谷地。这里驻扎着楚庄王的太子带领的一支军队，他们负责棘寨河大营南部的安全，防止敌人偷袭大营。

庄王坡 顺着庄王坡往上走，有一片平坦的开阔地，传说是楚庄王养马和驯马的地方。庄王喜欢骑马，经常从这里经过到马场而得名。

娘娘沟 樊姬以聪慧贤淑内助楚庄王成就霸业而闻名于世，所以每次北伐，楚庄王总是把她带在身边。娘娘沟地处大营的南边，这里依山傍水，风景秀丽，十分幽静。樊姬每次来大营都住在这里，故后人称它叫娘娘沟。

孙叔沟绝缨赦唐狡

　　有一次楚庄王大败郑军，虽然取得了胜利，但许多士兵都受了伤。回到大营以后，庄王命孙叔敖摆宴招待有功将士，宴会在孙叔沟举行。楚庄王带领爱妃樊姬和两个美人许姬和麦姬也出席了宴会。席间，庄王命美人许姬和麦姬向有功将士敬酒助兴。宴席一直进行到黄昏还没有结束，庄王就命令点上蜡烛进行夜宴。忽然一阵风吹过，宴席上的蜡烛被风吹灭了。这时，一位官员趁天黑拉住了敬酒的美人许姬的手。拉扯中，许姬撕断了自己衣袖得以挣脱，并且扯下了那人帽子上的帽缨。许姬回到庄王面前哭诉告状，并且求楚庄王点亮蜡烛察看众人的帽缨，以便找出刚才对她无礼之人。庄王听完美人的哭诉大怒，正要命人点蜡烛查找那个人，坐在他旁边的樊姬连忙制止点亮蜡烛，并在庄王耳边轻声说了一阵话。庄王点点头，传命不要点蜡烛，并大声对大家说："寡人今日设宴，务必要和大家尽兴饮酒。现在请大家都去掉帽缨。"听庄王这样说，所有将官都把帽缨取下，这才点上蜡烛，继续饮酒。当晚君臣尽欢而散。

　　席散回到驻地，许姬怪庄王不给她出气。樊姬劝她说："将士们在战场上英勇杀敌，尽管犯下一点小错误，我们也应该原谅他。"楚庄王也劝她说："此次君臣饮宴，旨在狂欢尽兴，融洽君臣关系。酒后失态乃是常情。若要究其责任，加以责罚，岂不大煞风景。"许姬这才明白了庄王的用意。

第二年，楚国和晋国交战。在战斗中，有位将军总是冲锋在最前面，五度交锋，五度奋勇作战，最终获得了胜利。庄王很惊讶地问他："我的德行浅薄，又不曾特别优待过你，你为什么出生入死这么勇敢呢？"那将军说："我叫唐狡，本就该死。我就是去年宴会那天晚上帽缨被扯下的人。君王您不杀我，我常常希望自己能够肝脑涂地，报答您的恩情。"楚庄王听后明白了一切，同时从内心佩服樊姬的聪明智慧和宽以待人的大度风格。

擂鼓台养由基救驾

有一年，晋国和郑国暗中商定向楚庄王的棘寨河大营进攻。庄王探得敌人行动后，马上起兵迎敌。他命令大将潘党驻守棘寨大营，自己亲帅大军到黄河边去迎战晋军。

潘党是楚国的一员大将，武艺高强。特别是射箭，有百步穿杨的功夫。潘党早就想除掉楚庄王取而代之。趁庄王出兵的机会，潘党暗中勾结自己的亲信，密谋造反，计划在棘寨大营外设下伏兵，等庄王回来时发动袭击。

晋军打探到庄王已在黄河边布阵，就取消了这次军事行动，撤兵回国了。庄王知道晋军撤兵后，也决定收兵回营。当庄王带领军队快要到棘寨河大营时，从山脚下突然冲出一支军队，潘党带领一支人马挡住了去路。楚庄王见是潘党，还以为是他带人

马来迎接自己呢！谁知潘党突然下令向庄王发动进攻。庄王措手不及，军队也被叛军冲乱了。平时有关潘党造反的传言，庄王早有耳闻，但没有想到他会趁自己出兵时对自己下手。情急之下，庄王带领自己的卫队左突右冲，退却到大营前边的擂鼓台小山包上。潘党也很快将擂鼓台团团包围。

潘党是楚国的一员猛将，箭法十分高强。他带兵向擂鼓台攻了几次，都没有攻上山去，就向庄王喊话说："只要你让出王位，我就免你一死，如果你不答应，我一箭就能射死你。"潘党见庄王没有投降之意，就弯弓搭箭向庄王射去。第一箭射在庄王的靴子上，紧接着潘党的第二只箭又到了，庄王一侧身，箭从胸前飞过。情况十分危急。情急之下，庄王拿起了报警鼓槌，敲响了报警大鼓。咚咚的鼓声，立刻传遍棘寨河大营。

鼓声惊动了养马场一员猛将，他就是人称"养一箭"的养由基。养由基精于骑射，据传他能对着杨树梢上的叶子，百步之外百发百中。当时养由基正在马场驯马，听到报警鼓声后，知道大营出了紧急军情，就立即跨马向大营奔来。到大营门前，见潘党带领人马正向擂鼓台上冲击，就奋不顾身地冲破重围跑到山顶庄王身边。问明了情况后，养由基就对庄王说：潘党现在人马很多，而且他的武艺高强，我们不能和他硬拼，只能智取。说罢，丢下自己的战刀，只带了一张弓，没有带箭，跨马到了山下棘寨河边，隔河对潘党大声说道："潘党，听说你的箭法很高明，你要有真本领，就三箭将我射死。如果三箭射不死我，我就还你一箭。这叫一箭定乾坤，天下还是楚王的。你敢不敢和我比试箭法？"

潘党知道养由基也是一名优秀射手，但他见养由基只带了一张弓，没有带箭，心中暗想：我一向有百步穿杨的功夫，他难逃我的三箭。万一三箭射不中他，他也无法射我，到那时大军冲杀过去，还不把他剁成肉泥。于是就满口答应。没等养由基准备，潘党开弓就是一箭。听到箭声响，养由基用弓轻轻一拨，那支箭就落入河水中了。紧接着第二只箭又飞过来，养由基身子一蹲，那支箭就从他的头上飞了过去。潘党不等他站起来，又射出了第三支箭。养由基这时上下左右都不能动弹，眨眼间箭已飞到眼前，只见他不慌不忙张开大口，正好将箭咬住。潘党见三箭不中，养由基又将第三支箭拿在手里，心中吃了一惊。只好硬着头皮说："你也还我三箭吧！"养由基说："我们有言在先，我只还你一箭。"说着把弓拉开，高声喊道："看箭！"却没有把箭射出去。潘党见养由基把弓拉开，身体赶快向一边躲闪，还没有站稳，养由基的箭就飞过来了，潘党躲闪不及，中箭倒在地上死了。叛军见状，惊慌四散逃走。庄王就想带兵冲杀过去，养由基劝庄王说："他们原来都是您的部下，受了潘党的欺骗，您不杀他们，他们会

对大王感恩不尽，以后会效忠大王的。"庄王觉得养由基的话很有道理，就同意了他的请求，免了叛军们的死罪。叛军们非常感谢养由基，就全部投降，求和免战，跟随庄王回大营去了。

娘娘沟樊姬拜月

楚王侍妾樊姬，以贤内助闻名于世。为了规劝庄王不要游玩打猎，她自己宁愿不吃肉。在楚庄王选妃的过程中，为了避免楚庄王误入歧途，她亲自负责从各地选取美女，选中的都是品行容貌俱佳的女子。这不仅从根本上杜绝了楚庄王身边的隐患，同时也感动了楚庄王，使他对樊姬更加尊敬和信任，并封她为夫人，每次出兵征战都把她带在身边。

在棘寨河谷，有一个美丽、幽静的小山沟。据传说，那就是樊姬随军征战时居住的地方，因此，当地百姓都叫它"娘娘沟"。

有一年楚庄王带兵攻打郑国，经过三个多月的激战，终于取得了胜利。由于暂时没有了战争，楚庄王就每天没明没夜地和美人们在一起饮酒作乐，不理政事，把国家的一切政事都交给令尹孙叔敖处理。

郑国由于害怕楚国的再次袭击，就请晋国出兵对楚国进行报复。晋国已派兵驻扎在黄河北岸。军情紧急，孙叔敖和众大臣都多次向庄王建议，应该早做准备。可庄王仍然每天和两个美人一起吃喝玩乐。令尹孙叔敖将这件事告诉了樊姬。樊姬曾多次劝庄王早做准备，却收效甚微。樊姬有点心灰意冷，为此每日不再梳洗打扮，终日蓬头垢面。庄王见了觉得奇怪，便问她为什么不施粉黛，不着艳装。樊姬回答说："你每日沉迷酒色，荒废国事，晋军都快要打过黄河了，你仍然不做准备，我哪里还有心思梳妆打扮呢？"庄王听后，当即表示悔改，准备出兵。但江山易改，秉性难移，庄王仍然每天和美人们花天酒地地玩乐。樊姬听说后，心里很着急，就想出了一个办法再次规劝庄王。樊姬在娘娘沟口的一块高地上，搭了一座高台，每天晚上都登上此台，独自对着星星和月亮梳妆。庄王听说后觉得奇怪，晚上就到台上来见樊姬，问她为什么夜晚一个人在野外梳妆。樊姬回答说："大王答应我要远离声色犬马，立即准备出兵，但大王根本就不在乎对我的承诺，我为什么要打扮给不在乎我的人看呢？"庄王这才明白樊姬的良苦用心。当天夜里，就和令尹孙叔敖召集会议，研究军情，两天后就发兵黄河岸边。

晋军见庄王发兵，没几天就退兵了。

庄王出兵后，樊姬将许姬和麦姬叫到娘娘沟，对他们进行了训诫，并且让她俩每天晚上登上高台，向星星月亮跪拜，以表示忏悔。

在樊姬的规劝之下，楚庄王戒淫乐，励精图治，勤于朝政，选用贤良，终于成为称雄中原的霸主。樊姬实可谓"贤内助"之典范。

庄王坡分马慰群臣

　　春秋五霸之一的楚庄王，在争得中原霸主之后，逐渐骄傲起来，而且开始沉溺于声色犬马，也没有了当年争霸中原时的那种锐意进取精神了。

　　楚庄王喜欢养马驯马，这是全国上下人所共知的事。有一次，庄王通过商人在秦国买到了几匹好马。庄王特别喜欢其中一匹红色的马。这匹马身强力壮，奔跑如飞，随着庄王参加过多次征战，立下了汗马功劳。这匹马平时由专人在庄王坡养马场内饲养。庄王喜欢马，爱惜马，给马的待遇不仅超过了老百姓，甚至超过了大夫的待遇。给马穿绣花的衣服，吃有钱人才能吃到的枣脯，养在富丽堂皇的房子里。由于这匹马长时间没有上阵奔跑，而且受到庄王特别的照顾，恩宠过度，得肥胖症而死。庄王心爱的马死了，心里很不高兴。为此两个养马的人也受到了责罚。

　　宝马死后，庄王决定让群臣给马发丧，并且要以大夫之礼安葬。大臣们对此很有意见，认为庄王是在侮辱大家，说大家和马一样，议论纷纷，对庄王表示极大不满。

　　庄王听到大家的议论，十分震怒，就下令一定要按大夫之礼，用棺椁来安葬这匹马。再有议论安葬马者，将被处死。

　　在孙叔沟参谋部里，令尹孙叔敖和众位大夫急得没有办法。大家都认为庄王这样做，会冷了大家的心，会对国家的各个方面工作产生不良影响。这时有个叫子重的大夫对孙叔敖说，我有个办法可以说服大王改变主意，如果不成功，庄王把我杀了，请令尹大人将我的尸体运回楚国安葬。说罢，回住处换了一身孝服，大哭着向喇叭沟庄王的行营而去。

子重见到庄王后，跪到地上大哭。庄王问起缘由，子重哭着说："死掉的马是大王您的心爱之物。我们堂堂楚国，地大物博，无所不有，可大王您只给死去的马以大夫之礼下葬，这太吝啬了。大王应以君王之礼为之安葬，要用白玉来做棺材，用红木做外椁，然后调集全军将士来挑土给马修坟墓。马的祠堂也要修得富丽堂皇，最好再给马封个谥号，长年供奉它的牌位。出殡那天，邀请晋国、齐国的使节，叫他们在前边鸣锣开道。再邀请其他国家的使节跟随其后，负责给马摇幡招魂。只有这样，才能使天下人都知道大王您把马看得很尊贵。"

庄王听了子重的哭诉之后，才恍然大悟，知道这是在批评自己。便低下头，想了一会说："我下令以大夫之礼葬马确实太过分了，但话已经出口，如之奈何？"

子重一听，知道庄王有悔改之意，就马上接口道："我请大王将死去的马交给厨师，用大鼎烹饪，放上姜枣、椒兰之类的作料。大王您将马肉赏给众将士享用，将宝马的骨头以六畜之礼下葬，这样天下人以及后世之人也就不会再笑话您了。"

楚庄王同意了子重的建议，立即令厨师将马肉做好，召集众大将到大营举行宴会，以此来怀念死去的宝马，然后将马的骨头埋葬。庄王这样处理死去的宝马，使众将士

的心慢慢地平静下来。从此君臣一心，励精图治，使楚国更加强大起来。

　　方顶村历史悠久，早在新石器时期就有人类居住，在这里遗留下了许多古文化遗迹。春秋时期是一个动乱时期，方顶村当时就处在诸侯争战地区。这个时期，给方顶村留下了很多楚庄王争霸中原的传说故事。朝代更迭，地名变迁，但擂鼓台、小孤山、点将台、营盘沟、喇叭沟、孙叔沟、太子沟、娘娘沟、巡回沟、庄王坡等地名，一直沿用至今。棘寨河谷虽没有了潺潺流水，但传说中的楚军大营仍不时浮现在人们的眼前。古老的传说把我们的视线又牵回到春秋时期诸侯争霸的战争年代：雄伟的棘寨大营，喇叭沟里的号角声，整装待发的楚军将士，战马嘶鸣的战车，一幕幕展现在人们的面前。战争给人们带来了灾难，但也给人们留下了永不磨灭的记忆！

方顶村的关帝庙

王洽智

　　由方山林和方联军先生编写的《方顶村古文化》资料中，有这样一段文字：关帝庙建在底沟龙东嘴的怀抱之中，庙宇高大，建筑样式浑厚，据说是依据关公的忠义性格而建的。庙顶上只有一道通直的主脊，庙的正殿有关公金身塑像，周仓、关平持刀站立两旁。这组像充满豪迈仗义之气。庙内两边墙壁上画有三英战吕布、千里走单骑、温酒斩华雄等歌颂关公功德的水彩壁画，甚是辉煌。画中人物活灵活现，展现了"关公举刀战敌，来往厮杀，愈战愈勇"的英雄气概。在房东侧还立碑四座，记载与关公有关的史话。现在村委还有清末翰林赵东阶亲笔书写的石碑一通。

　　这让我生出许多联想。

　　我去过山西解州关帝庙，去过新加坡的忠义庙，去过台湾关庙山西宫……不夸张地说，关帝庙宇遍及五大洲。在香港、澳门，在日本、美国，凡有华人聚集的地方，都能寻觅到关帝爷的"神灵"。美国的纽约，日本的神户、横滨与新加坡、泰国、越南、缅甸、印尼、澳大利亚都建有关帝庙。各地纷纷建宫立庙，设堂置坛，进香者络绎不绝。有了关帝庙，就有了广结善缘、净化人心的慈善义举；有了崇敬的关公忠义精神，就有了团结协作、扶助贫弱、结交朋友、维护家庭、诚信创业、行善去恶的行为规范。

　　外出旅游所到之处，都能见到关帝的踪迹。依托关公古墓而兴建的，有湖北当阳关陵、河南洛阳关林。当阳关陵葬有关帝无头之躯，洛阳关林葬的是关帝无躯之首。河南许昌春秋楼，相传是关公保嫂"秉烛达旦"之处；许昌灞陵桥是关公辞曹回马挑袍之地；

荆州古城是关公镇守之地，城南为关公府邸；武昌伏虎山下有"卓刀泉"。这些地方都建有关帝庙。在祖国的边陲和重要关塞，为鼓舞戍边将士之民族精神，旧时也建有不少关帝庙。如明长城尽头的嘉峪关，再往西的天山，新疆的伊犁，福建的东山岛，云南昆明西山峭壁之巅，西藏的拉萨、日喀则……关帝爷在享受着各族善男信女的拜谒。

我想，崇敬关帝能有如此之盛，而且经久不衰，这与中国传统文化有着直接关系。中国流行的儒教、佛教、道教，都把关帝列为本教人物，成为宗教文化的交叉点。我们要历史地观察，去揭示关公信仰这种社会历史现象。关公一生，看得最多的书是《春秋》，做事处世完全实践了儒家学说。孔孟著书立说，宣传自己的哲学思想、政治主张，应该说是言教。而关公用自己的行动实践儒家思想，可以说是身教。千百年来，历代都把孔子奉为圣人，也把关公称为关圣，并称文武二圣，列入国家祀典。佛教传入中国时，已在印度流行几百年，要在中国扎根、发展，就必须与中国传统文化相协调，才能将佛教中国化。因此，就利用民间关公显灵的迷信思想，将关公列入佛教的护法神，促使佛教在民间广为传播。至于关公与道教，也是统治者和教徒为各自的利益编造、导演的一些神话作支撑在民间流传上演的。由于三大宗教的共同宣传，关帝信仰已超过了一切宗教、一切神灵。香火之盛，无与伦比。在关帝庙内，体现着全部的中国传统文化。

　　我去过山西解州关帝庙。据说这庙是国内外最大的关帝庙，始建于隋代，历经唐、宋、元、明、清，不断扩建，庙内保留了大批明代铸铁文物和明清两代佛道绘画，堪称祖国历史文化的瑰宝。流连在庙宇、神像和遗存之间，我在想，关帝庙为何能遍及四海？在一份资料中，我见到一段美国芝加哥大学人类学博士的话，他说："我尊敬你们这一位大神，他应该得到所有人的尊敬。他的仁义智勇直到现在仍有意义。仁就是爱心，义就是信誉，智就是文化，勇就是不怕困难。上帝的子民如果都像你们的关公一样，我们的世界就一定会变得更加美好。"这位美国人说得很到位吧？

清朝末年翰林学士赵东阶故居
门头匾额及晚年卜居窑室别号

何中茶

　　方顶村的清末翰林学士赵东阶故居，是一座后窑前楼式的二进四合院。宅院的大门和二道门门头上都曾经挂有桌面大的黑漆烫金匾额，后窑的主窑门头上也有砖雕的精美横额。晚年赵东阶卜居核桃冲，他给自己居住的窑洞也起了雅致的别号。这些匾额和别号都是赵东阶亲手书写请人制作的，匾额和别号的名称和内容都具有深刻的文化内涵和特定意义。今天，这些匾额不仅是珍贵的文物，同时也是优秀的文化遗产。

太史第

　　在赵东阶宅院的临街大门门头上，曾经挂有一块黑漆烫金的"太史第"匾额。太史，官职名称，据传夏代末已有此官职。西周、春秋时太史掌管起草文书、策命诸侯卿士大夫、记载史事、编写史书兼管国家典籍、天文历法、祭祀等。秦汉设太史令，职位渐低。魏晋以后修史的任务划归著作郎，太史仅掌管推算历法。隋代改称太史监，唐改称太史局、司天台。宋代有太史局、司天监、天文院等名称。辽代称司天监，金称司天台。元代改称太史院与司天监并立，但推测历算之事都归太史院，司天监仅余空名。明、清两代均称钦天监，至于修史之事则归翰林院，所以对翰林亦有"太史"之称。

　　历史上最有名的太史应数司马迁父子。司马迁继承其父司马谈之职，任太史令后，开始撰写《史记》，因替投降匈奴的李陵辩护，获罪下狱，受到残酷的宫刑，蒙受奇耻大辱。司马迁出狱后任中书令，继续发愤著书，终于写完了史家之绝唱、无韵之离骚的《史记》。

　　史上最壮烈的太史是春秋时期齐国的太史三兄弟。齐庄公与大臣崔杼之妻通奸，崔杼一怒之下，把正在府中与妻子媾合的庄公杀了。崔杼弑君的事被太史记上竹简，载入国史，崔杼大怒，把太史也杀了。太史的弟弟接任其兄之职，仍然坚持要把崔杼弑君之事载入国史，崔杼又把他杀了。太史的三弟又接任太史，仍如其两位兄长一样，坚持要把崔杼弑君之事载入国史。崔杼说："你两个哥哥都死在我手里，难道你不怕吗？你还是照我的吩咐，把庄公写成暴病而亡吧。"太史的弟弟正色回答道："据实直书是史官的职责，你犯下的弥天大罪迟早会被人知道，即使我不写，也掩藏不了你的罪行！"崔杼虽怒火中烧却无言以对，只得挥手让太史出去。太史凛然走出崔府，这时南史氏手抱竹简急匆匆赶来，见到太史激动地说："我以为你也被害了，我是来接任太史，继续写崔贼弑君之事的！"

　　清朝末年，光绪戊戌科进士赵东阶翰林院散馆后，授职编修，编纂国史。赵东阶在翰林院编纂国史期间，英、美、俄、德、法、日、意、奥八国联军攻陷北京，烧杀抢掠，无恶不作。清王朝屈辱投降，慈禧太后及光绪出避西安，京师各衙署官吏大多遁避。有人劝赵东阶也暂且回避。赵东阶说："史官当与史馆同在。"他临危不惧，坚守史馆，成为翰林院典范。或许赵东阶也承袭了司马迁和齐太史的高风亮节吧。

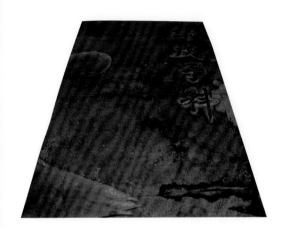

晚年赵东阶在方顶村自己家的宅院临街大门门头悬挂上黑漆烫金的"太史第"匾额。现在老寨河虎窝赵氏宗祠里仍存放着一块赵东阶亲笔书写的"太史第"匾额。

文魁匾

据赵东阶后人说，赵东阶故居的二道门门头上，也和大门一样，悬挂过一块黑漆烫金匾额，匾上有两个楷书大字"文魁"，左下角落款是：光绪戊子科。

"文魁"的来历要从科举考试说起。明、清两代科举考试最重要的就是考"四书五经"。"四书"指的是《论语》《孟子》《大学》《中庸》，"五经"指《易经》《尚书》《诗经》《礼记》《春秋》。明、清两代科举考试时，从"五经"考试中各取一名优秀者，称为"经魁"，五位经魁列为前五名，也称为"五经魁"或"五魁"。乡试录取的第一名举人又称为"解元"，著名的如明朝的唐伯虎就获得乡试第一名，因此号称"唐解元"。第二名称"亚元"，第三、四、五名就称"经魁"。第六名称"亚

魁"，其余中式的都称"文魁"。赵东阶在清光绪十四年戊子科乡试中式第九名，所以只能称为"文魁"。他在自己家的门头上只能悬挂"文魁"匾。这块"文魁"匾，现在仍然由其后人保存着。

天瑒（yāng）纯瑕

在赵东阶故居的主窑门头上有一块砖雕的横额，横额上楷书四个大字"天瑒纯瑕"。这四个字作为住室门头的匾额，寄托着主人对荣华富贵幸福美好生活的渴望与追求。

在山西和甘肃天水的古民居中，有的显贵富商在住宅的门头上悬挂"锡纯瑕"的烫金匾额。"锡纯嘏"出自于《诗经》鲁颂篇的《泮水八章》之《閟宫颂》，原诗为："天锡公纯嘏，眉寿保鲁。"这句诗《毛诗》注为：纯：大也；受福曰嘏。《公羊传》对"锡"的解释：锡者何？赐也。因此，"锡纯嘏"的本意应是：赐予大福。在宅院的门头悬挂"锡纯嘏"匾额，即为这座宅院将赐予主人以大福大贵，也隐寓天将降大福大贵于斯人。而赵东阶宅院主窑的门头上却是"天瑒纯嘏"四个字。"瑒"是"瑒"的通假字，其字意义相同只是字形有别。"瑒"是古代祭祀用的一种玉器，有一尺多长。赵东阶选用"天瑒纯嘏"这四个字和"锡纯嘏"是有区别的，他的意思是：虔诚地祈求天公赐予大福大贵。这和晋商们那种利欲熏心的露骨商人气是完全不一样的，它展示的是一种仕人学子、孔孟之徒对荣华富贵幸福生活的追求。

素　庐

"素庐"是赵东阶晚年为自己在老寨河核桃冲居住的窑洞所起的别号。赵东阶祖居在老寨河核桃冲。在临河的半山坡上有四五孔窑洞，这是其祖祖辈辈居住的祖宅。后来家族渐众，其祖迁居方顶村。

素廬

五雲山之北麓有舊廬半畝居有年矣壯歲以後羈
官京師與是廬隔絕者二十餘年雖偶兩還轅亦如
逆旅信宿即去然未嘗不德德也初有舊宅二一在
此處一在方家頂折居後方家頂歸予此處歸吾兄
十年前兄嫂相繼殁而是廬遂闃無人焉壬子春予
謝官歸愛其地之僻也而居之是廬也面山背嶺左
谷右澗車馬不通人跡罕到頗饒幽趣有上室四五
穴足蔽風雨有薄田五十畝足供饘粥惟一妾一傭

赵东阶的父亲赵璧在清道光辛卯科中举后，出任商水县教谕，赵东阶生于商水县。父殁后赵东阶随其母回到方顶村并在夏侯、汜水等地读书求学。赵东阶在光绪二十四年戊戌科考中进士后进入清廷翰林院，在京二十余年，直到年逾花甲才回到方顶村。赵东阶在外期间，老寨河核桃冲的祖宅一直由其兄居住。兄嫂相继去世后，无人居住，赵东阶就和妻子搬到老寨河住在核桃冲祖宅的窑洞里。虽是半山坡上的几孔老窑洞，但赵东阶在里面生活得非常舒适满足，给这几孔窑洞起名"素庐"，并且撰文记下了他怡然自乐的心情：是庐也，面山背岭，左谷右涧，车马不通，人迹罕到，颇饶幽趣……庐中之物，几榻亦素也，琴书亦素也，可以坐卧，可以弦诵。庐中之景，花木亦素也，可以往来，可以谈笑。若夫山林泉石，如夙相盟；风月烟霞，如旧相识。可以遨游，可以盘桓，几环绕于吾庐者，无一而非素也。陶公曰：众鸟有托，吾亦爱吾庐。既耕亦己种，时还读我书，今而后，耕于斯，读于斯，将守吾庐以终老焉。因自名曰素庐。

送子三奶奶的传说

焦根玉

方顶村翰林街东头，路南边的一片平地上，遗留着"送子三奶奶庙"的遗址。送子三奶奶庙规模不大，建在约十平方米的一座台子上面。整个庙宇均用砖石砌成，顶部属典型的明清风格建筑，顶坡有排山、拐角、五脊六兽、重檐之造型。庙堂和回廊一体，拾阶三级登上回廊，清一色方砖铺地。正门两侧墙上有砖雕正六方形窗户。门槛、门框、门楣、门扇均是木结构，外刷枣红色油漆。门槛坐在鼓形青石门墩上，门框上有楷书对联：供圣喜生安乐子，俸神永保寿长儿。横批：慈悲大吉。正面有一座砖砌神台，送子三奶奶盘膝端坐在莲花座上。她身着素装，头戴金冠，面相慈祥。右臂向前伸出，手掌上托着一个活泼可爱的白胖娃娃；左手臂弯曲，手托宝瓶。神台前有木质供桌和石雕大香炉。四周墙壁上有飞天、莲花、荷叶和其他彩绘图案。雕像后墙上方，悬挂有一木质匾额，上面雕刻着苍劲有力的四个楷书大字"有求必应"。庙内顶部，木质椽、檩由于长久处在香火缭绕之中而颜色变得发暗，但主梁上"大清乾隆二十年春三月立"一行文字仍清晰可见。由此可知：送子三奶奶庙建庙距今已二百五十多年了。

三奶奶庙前有一株古柏，苍劲挺拔，两人伸臂而不可围。树高十五六米，枝繁叶茂，一阵风刮来，枝摇叶动，百米开外，翠柏清香浸人肺腑。几百年来，它像撑着一把大伞的沧桑老人，给来顶礼膜拜的人们遮阳避雨，向他们述说着送子三奶奶的故事。

一、送子三奶奶庙始末

明朝洪武初年，屡遭兵灾、水旱灾害的河南，赤地千里，饿殍遍野。于是，朝廷决定从山西洪洞县移民河南的大幕拉开了。有一位年过半百的老妈妈，和其他人一样，随着移民的队伍，手推肩扛，携儿带女，往河南方向缓慢地移动着。不同的是，这位老妈妈的肩上斜背着一个小包袱。每到休息时，她总是坐在地上，小心翼翼地把小包袱移到胸前，很虔诚地两眼微闭，双手合十，嘴里默默地祈祷着什么。老妈妈和家人落脚方顶村后的第一件事，就是把包袱打开，请出一尊紫檀木雕菩萨像。这尊菩萨像刀工细腻，栩栩如生，慈眉善目，身材飘逸地站在莲花宝座上。老妈妈小心翼翼地用袖子拂去雕像表面的灰尘，恭恭敬敬地把它放在桌子上，然后招呼全家人一起跪在地上给菩萨叩头，祈求菩萨给这个家带来吉祥、幸福。消息传开，全村移民每逢阴历初一、十五，都来老妈妈家给菩萨焚香叩拜，祈求全家平安幸福。特别是身怀六甲的孕妇，更是给菩萨顶礼膜拜，求菩萨保佑自己平安，保佑孩子安全降生。

那年间，人们盼望风调雨顺五谷丰登之外，最大的愿望就是人丁兴旺。到了大清乾隆年间，村人商议：决定在村中建一座送子奶奶庙，求菩萨能给方顶村家家户户添人增丁。按佛家法旨，担任送子任务的是观音菩萨庙堂中的三奶奶，于是就决定建造"送子三奶奶庙"（当地百姓称白奶奶庙），以便全村人四时供奉。

方顶村的送子三奶奶庙于清乾隆二十年（1755）建成，一直香火不断。到了1958年，因建人民公社村民食堂被拆毁，现在空地上留有庙堂地基。在这二百多年里，伴随着送子三奶奶庙的兴衰，演绎了许许多多动人的传说故事。

二、"三奶奶"遗事

　　"三奶奶"是庙南边约百步之远一户农家的老三媳妇。因在族中辈分高，故村民称她为"三奶奶"。"三奶奶"出生于何寨村一中医世家，从小耳濡目染见其父兄给人诊脉看病，也粗通一些药理知识，特别爱和嫂嫂磋商妇科及生儿育女之事。她从小向善，吃素食，禁腥荤，念佛经，拜观音，对病人特别是无钱治病的穷人十分怜悯，总是热情地帮助他们。民国初年，"三奶奶"嫁到方顶村后，人们都知道他是何家药铺里长大的，有了病都来找她。她总是热情地接待患者。有人知道她懂妇科病，特别是怀孕妇女，都来找她问这问那。"三奶奶"都认真检查，告诉她们应该注意的事项。

　　那时候，农村女人怀孕生孩子是大事、难事。村里没有接生的人，妇女临产要到十几里外去请人接生。有一年冬天，一家孕妇快要临产了，丈夫出门在外，家中只有一个老婆婆。半夜里，老婆婆敲响了"三奶奶"家的大门。问明情况后，"三奶奶"十分着急，因为她以前没有给人接过新生儿。见老婆婆着急的样子，她心里知道生孩

子是关系孕妇和孩子性命的大事。到外村请人接生已经来不及了，"三奶奶"没有多想，马上收拾了一些用具，就随老婆婆去了。到产妇家后，只见产妇血流不止，孩子已经没有了气息。她就赶快拿出自己配制的止血药给孕妇止血，经过一阵急救，孕妇才转危为安。但孩子却已夭折。

"三奶奶"回家后，精神恍惚，躺在床上不吃不喝，昏迷不醒。家里人都吓坏了，赶紧将其父兄请来诊治。问明情况后，经诊断说她是急火攻心，只是深度昏迷，没有生命危险。全家人这才放了心。三天后的一个早晨，只见"三奶奶"突然从躺着的床上坐了起来，她面色红润，根本不像有大病一样。大家问她怎么样，她脱口就喃喃自语地说："我会了，我学会接新生儿了。"又安静了一会，她对大家说："我好像做

了一场梦。我到了一个有山有水的地方，那儿很幽静，有个女童叫我坐在一块石头上等待。一会儿，只见观音菩萨带着一个女菩萨来到我面前对我说："你盲目接新生儿，几乎坏人性命，罚你戒三日人间烟火。你来到这里要静心学习接新生儿的法旨，回去后，要多做善事，为受苦受难的女人解除痛苦，完成接生这个差事。待你接够三百个新生儿后，还你无病而终的心愿。'"家里人听着她的述说，都十分茫然。

从那以后，每月初一、十五日，"三奶奶"都要到送子三奶奶庙烧香，膜拜。在村子里连着给几个孕妇接生，也都母子平安。本村和外村找她接生的人也越来越多了。

"三奶奶"给人家接生从不接受钱财，而且还不断接济那些衣食无着的穷苦人。有一次，"三奶奶"到一孕妇家去接生，见孕妇快要临产了，想叫她吃点东西。但她男人很无奈地说："家里实在没有什么好吃的了。""三奶奶"听后，立即回家拿了几个鸡蛋和一些白面，给孕妇做了一锅鸡蛋汤，感动得孕妇夫妇泪流满面，动情地说："您真是大慈大悲的活菩萨。"

"三奶奶"经常劝人多做善事，她常对人说："积善积德，就是给自己的后代子孙积福。"村子里有一家财主，家有良田百亩，长工、丫鬟多人，十分富裕。但老掌柜年过四十还没有子嗣。大老婆见主人娶了二房，赶忙用棉花塞在衣服里伪装怀孕，并且暗地里托人从别处抱了一个小孩回来。谁知好景不长，没几个月抱来的小孩就夭折了。老主人听说"三奶奶"能替人在送子三奶奶庙祷告许愿生子，就找到了"三奶奶"给出主意。"三奶奶"对他说："您到送子三奶奶庙去许个心愿，做一些善事，也许会给您送个儿子。腊月天寒地冻，春天青黄不接，这是穷苦人最难过的日子，您如果能在这期间，每个月初一、十五两天，蒸上一百个大蒸馍，先到庙里供奉一下，然后分给那些没有饭吃的穷人，这就是最大的善事。"老主人依法去做，果然第三年二房太太就怀孕生了个儿子。从此，老主人每年都在冬天的腊月和第二年的春天接济无饭吃的穷人渡过难关。

"三奶奶"给别人接生是随叫随到，认真热情。村子里有几个孕妇，谁在什么时候临产，她都心中有数。孕妇临产前三个月内，"三奶奶"每隔十天就主动上门给孕妇做检查，正胎位，并交代应注意事项。只要孕妇临产，无论是在割麦、磨面，或是黑天半夜，随叫随到。她常对人说："生孩子是大事情，关系到两条人命，马虎不得。"

　　由于长年累月的辛劳，到晚年，"三奶奶"的双眼几近失明。"三奶奶"老了，但她为别人多做善事的一颗心并没有泯灭。终于有一天，"三奶奶"病了，她叫家人把她珍藏多年的一个木盒子拿来，对家人说："你们数一数盒子里的东西有多少件。"家人打开盒子，见里面装满了铜钱和其他许多小物件，数了数，二百九十九件。"三奶奶"听后，闭上了眼睛，嘴里喃喃说道："我还不能走，还差一个孩子没有完成三百个数。"家人终于明白了这个小盒子里的秘密，那盒子里装着"三奶奶"终身接生三百个小孩的一颗心愿。

　　半个月后的一天中午，村子里一个人急急忙忙来到"三奶奶"家，说妻子快要生了，请"三奶奶"前去帮忙接生。"三奶奶"听说后，精神为之一震，立即从床上坐起来，对家人说："快！快把我的包拿来。"家人想阻止她，可她双手摸索着已经走到大门口了。大家陪着她来到产妇的家中。她双手摸索着，先给孕妇检查了胎位，又一件件把各种器具准备好。当大家在院子里听到婴儿的哭声时，所有在场的人都哭了。

　　回到家里，"三奶奶"从衣服口袋里摸出了一枚铜钱，双手抖索着把它放进了小木盒里，盖上盖子，交给家人说："放起来吧。"

　　两年后，"三奶奶"去了，她无病而终，享年八十二岁。

赵东阶逸事

何锡瑾

一

赵太史东阶，七岁丧父，家境贫困，母子相依为命。母亲禹氏白天荷锄田间操作，夜晚纺绩伴东阶读书，每至深更半夜尚未睡眠。农忙季节，东阶除读书外，还得到田间帮助母亲做些农活。

在东阶十岁那年冬天，十一月里，母亲到南岗棉花地里拔棉柴（棉花秆）午时未归。东阶放学后，便到棉田帮助母亲往家背运棉柴。当把棉柴捆好背到路边，坐下休息时，母亲谓东阶说："你父读书一辈子，才中举人，做个穷教官，死后一贫如洗，使我母子零落到如此地步。你要记住，争口气，好好读书，将来得个一官半职，也不负你父亲的临终遗言，也不枉我一番苦心……"东阶没有吭声。这时坐在大路旁休息的过路老头，把东阶母亲的话听得一清二楚，便笑着喊道："喂！小子，你过来，让我给你看看相，是不是能当官……"母亲一愣，便说："您是算命先生吧！"老头说："随便看看吧。"于是母亲便叫东阶走到老头跟前，作了个揖。老头看过东阶的面相手相，问过生辰八字，一阵思索，便笑着说："小子命相主贵，当在戊午、戊戌有所显现。不过我已七十多岁，看不见了，也沾不了你的光啦！到时只要还能想起我姓刘的老头就足够了。小子，好自珍重啊！"东阶母子听了不胜喜悦，对刘老头千恩万谢，背起棉柴与之作别回家去了。

自此以后，东阶读书倍加用功，虽在三九寒冬三伏酷暑未有一日懈怠。母亲禹氏对东阶的督责也更加严厉。东阶到二十岁出头便考中秀才，光绪十四年戊子科，河南乡试中式第九名举人。光绪二十四年戊戌科中进士二甲四十一名，供职翰林院。乡人有说赵东阶面像伍子胥，有说赵东阶是伍子胥转世，其实为戊子科戊戌科的讹传和好事者的附会。不过算命先生的一番话，确实给赵东阶鼓足了读书的勇气，增强了其母亲禹氏督学的信心。后来东阶与同辈每谈及此事，多有感激之情。

二

　　赵太史东阶在光绪十四年戊子科河南乡试中式第九名举人。次年春进京礼部会试落第，留京不归，在南学教书。住在河南会馆内，准备下科再考，但连考未中。到光绪二十四年戊戌科考前，河南的进京举子陆续住进河南会馆。汜水县的梅静波、许作霖、赵国光和巩县的刘淑璋等人聚在赵东阶的住室，提出请吕仙伏鸾占卜考试吉凶。于是找来了面箩做箕插笔，用小米做沙盘画字，众人焚香叩拜，恭请吕仙下界指示迷津。众人请问吕仙："我等众人中，这次会试能有几人考中？"只见架起的箕笔直在沙盘上画圆圈，旋转不停顿，也不起笔。众人开始猜测。有人说："这次没有一个，因为箕笔不停，只画圆圈，是什么都没有。"箕笔在沙盘打了个"×"，说明猜得不对。

又有人说："有四个，这种画圆圈像是写的草书'の'字。"箕笔仍打了个"×"。众人都猜过，有人说："该跻堂猜了。"赵东阶说："我说，这次我们众人能考中一个，因为箕笔自始至终只画一笔，是一个之意。"这时箕笔在沙盘上打了一个"√"号，说明猜对了。众人再行礼祈祷，请吕仙明示是谁。只见箕笔在沙盘上很快写出了"谁知是谁"四字。有人说："吕仙不耐烦了，不知道是谁！"众人猜了很久，都没有猜对。赵东阶则喃喃地说："谁知道是谁！"而心里明白是猜中的人，也就是自己。众人觉得都没猜对，三行礼祈祷问道："为什么众人都猜不着呢？"箕笔在沙盘上写出了："不是进士体，不知鸾中语。"会试、殿试果然只有赵东阶一人考中。

三

民国初年，赵太史东阶隐居五云山北麓核桃冲。求其书者络绎不绝，常应接不暇。时巩县站街有一农民，是独生子，其母不到二十岁就守寡，将其养大成人。现已四世

夜靜群動息遙聞隔林犬卻

憶山中時人家澗西遠羨君

明發去采巖輕軒冕

己未秋九月　趙東階

塹時有酒添膳杜

斤刻無書覺眼空

趙東階

同堂，人丁兴旺。恰逢其母八十大寿，族人亲友都劝其大加操办，庆祝一番，并要在大门上挂匾以示荣耀。但是在当地要找一个有名望而字又写得好的人却没有。有人建议，汜水县魏岗村魏联奎在北京当官，字写得一定好，不妨去找他给写个匾额。于是这个农民就在站街买了两盒点心，背上钱袋。十一月天气寒冷，他腰间还束了一根猪毛绳。将近中午，到了魏岗见到了魏联奎说明来意。魏联奎说："我写字不如赵跻堂，你不如去找他。他家在核桃冲，离这里还有七八里路。你可以在我这里吃过饭再去。"这农民就在魏家吃过饭。午后到了核桃冲，找到赵东阶，说明这次求写匾额的过程。东阶对这农民说："你家门楼是啥样？"农民答道："不是啥门楼，乡下的小鬼担担。"又问："多长多高？"答："大约四尺多长，二尺多高吧！"东阶笑了笑说："你家既没有门楼，长宽不清，叫咋写？"这农民说："您不会给我写两个，一个大点，一个小点。我回去叫做匾的看一下。哪个合适，就用哪个。这不过叫您多动一下手啦。"赵东阶又笑了笑，也没有说啥。于是就给这个农民写了一大一小两幅匾额。这农民在赵家吃过饭就回站街了。后来乡下人多传说，找赵东阶写字是"能托乡下佬，别往城里跑"，意思是乡下人找赵东阶写字比城里富商大户更容易。

赵翰林

何锡瑾

（一）

戊戌中进士

二甲四十一

翰苑话河南

"一案三东"奇

（二）

八国犯京师

君臣多遁避

史馆赵编修

守义不肯去

（三）

毳毳修邑志

不留己名绩

如公存盛德

应叹今世稀

飘落的黄菊花

江　嫒

一

　　两岁的方秋琴跟着姐姐走进哑巴沟的时候，一丛长在半出崖的黄菊花吸引了她的目光。秋琴站住脚，伸手摘那簇黄花，当她够到第三朵的时候，姐姐已转过树丛，不见了踪影。这时候山风吹来，一朵朵黄花在风中摇曳，冲小秋琴调皮地眨着明亮的眼睛。小秋琴痴迷地趴在沟边，抻着胳膊去拽。突然，她脚下一滑，朝几丈深的沟底坠去……这时，一个正在沟底割麦的村人看见秋琴宛如鸡子一样摔下沟底，呼叫着跑上山坡，抱起秋琴，飞快地朝医院跑去。

　　"娘呀！"秋琴尖叫着从罗汉床上直挺挺地坐起来，惊出一身冷汗。她走下床，一高一低地走出门外，又晃晃悠悠朝西走了一段铺石路。阳光没遮拦地从十几米高的虎皮墙上扑散下来，把寨墙高高的阴影沉沉地投射到明亮的翰林街上。秋琴抠着嵌进寨墙里的一块红顽石，挨着墙根在阴影里坐下，远远看见"老疯子"右手捏着一张画着黑白鱼的硬纸板，左手捏着拳头，一边唱着词，一边朝寨外冲将过去。秋琴盯着他在日光中渐渐变淡的背影，隐约听得那人唱道："二岗一沟村落占，五龙把口十三关；三条古道穿村过，二条古河绕村转；二龙戏珠活宝地，村有明清四合院；六沟二河古战场，五庙二祠村中建……"眼见得"老疯子"的身影早已消失不见，那一声声凄惶的唱词仍在长长的石道上传荡，把秋琴撩拨得又轻又飘……

黄昏时分，母亲带秋琴到方联军伯伯的上窑商量上学的事。军伯说："秋琴已过八岁了，让这个闺女上学吧，上学就有出息了。"她娘点头说："中呀，我就是老担心秋琴，你看她走路老绊倒，咋去学？"军伯说："这好办，我和联成在狼沟教书，一块背她去。"秋琴一听军伯要和爹爹送她去狼沟上学，忍不住问："娘，狼沟有花吗？""狼沟有花。"李淑芬听闺女问到花，心下一颤，流下泪来："琴呐，以后可不敢乱去够花了，花丛里有怪物，会咬手。"军伯拽过秋琴，指着放在门口的红木书柜说："秋琴想认识这些字吗？"秋琴望着书柜两旁刻着的两行字，点了点头。军伯指着它们表情肃穆地一字一句地念道："书藏万卷统今古，柜蕴千部大文章。"秋琴眨巴着眼睛说："军伯，俺不懂。"军伯拉过秋琴说："秋琴，军伯的二老爷在清末是个文秀才，写得出一笔好字，后来瘫痪了，就用左手练字，在汜水县南很有名望。现在秋琴的手和脚虽然摔坏了，也要学你的二老老爷，读书练字，成一个有出息的人。"秋琴娘听军伯这么一说，早把那含了一眼的泪水倾流出来，不住地扯起衣襟去擦。秋琴见娘流泪，话也变得少起来。她打开书柜的门，一本本摩挲着排成一列的旧书，也像军伯那样凝思地看了娘一眼。

　　这时，院西头传来了嗡嗡的纺车声。秋琴趔趄着走出正窑，一头钻进十奶奶王瑞贞的西厢房，大声喊："十奶奶，你教我纺花吧。"十奶奶停下纺车，满脸笑容地说："来，让十奶抱抱。"秋琴坐在十奶的腿上，调皮地抚摸着她盘在脑后光溜溜的发髻问：

"十奶，十爷去哪了？"十奶呆愣了很久才擦掉眼角的泪水，对秋琴说："不知道他去哪了，琴说十爷会回来吗？"秋琴点头认真地说："十爷会回来。"十奶说："琴乖，恁十爷会回来，俺等恁十爷回来。"十奶说这话的时候，秋琴娘推门进来说："十婶，别听小孩子胡咧咧，说不定俺十叔明儿个就回来了。"十婶叹口气说："都二十多年了，俺每天都在屋里一边纺花，一边念叨他的名字，他怎么就听不见呢？他就是死了，也该给俺托个梦，让俺死了这份心。"屋里立时寂静下来。秋琴娘在南边的罗汉床上坐下，把放在床头柜上的煤油灯芯挑了挑，才冲爬上阁楼的秋琴说："琴，快下来，别摔着了。"秋琴爬下梯子转到十奶身后，摸了摸那一色枣红的衣橱问："十奶，这衣橱真好看，那门上刻着什么花？"十奶抱起秋琴指着柜子上的花说："这衣橱是十奶娘家陪送的嫁妆，上面刻着春夏秋冬的花，这些花儿是牡丹、荷花、菊花和蜡梅花。"秋琴看着十奶忧伤的眼神，忍不住用手指描画起刻在四个长方框里的绿叶花朵。十奶说："等俺秋琴出嫁了，爹娘也陪送你一个衣橱。"秋琴冲十奶用力点了点头。

为换个话题，秋琴娘扯过一块织好的条纹布挂在闺女身上比划着说："十婶织出的布咋恁好看，趁着琴的面容，又素净又端庄。"十奶说："这块布琴喜欢不，喜欢了给琴做衣裳。"秋琴娘说："俺回去给闺女按这一色的样子织。十婶白天下地，黄昏织布，又辛苦又熬神，留着自己做罢。"十奶听完，随即噤住声，陷入凄伤的情绪里。秋琴娘说："十婶，老天爷不会让恁白等，十叔会回来的。"十奶嘴里念叨着：

"俺熬了一年又一年，就跟这煤油灯一样，光也熬暗了，泪也熬干了。俺想让他回来，更怕他回来。他回来会不会不认俺，他会不会又娶妻生子了，俺不知道，俺也不想知道，知道了有啥用。"十奶王瑞贞一边说一边坐回到纺车旁。淑芬见状立即抱着秋琴默默地退出了屋子。

过了一会儿，灯光摇曳的西厢房又响起了纺车转动的唧唧声。秋琴隔着那道竹帘，听见十奶奶一边转动纺车一边唱道："煤油火，灯光暗，唱小曲，摇纺车，一把梭子来回走，掐花布单织成片……"

二

　　1987 年，当一位身穿白西装、领系深色领带的老者走在老屋林立的翰林街上的时候，立即引起了方顶村的一阵骚动。此时，坐在村口纳凉的秋琴看到他，立即一边喊着："十奶奶，十爷回来了，十爷回来了。"一边颠颠簸簸地朝军伯家跑。

　　她知道自从有人从竹川给联军伯伯捎回一封台湾的来信之后，十奶王瑞贞时常都会赶到村口张望。这位身穿白西装的老人东看看，西看看，仿佛是在寻找消失多年的记忆，又仿佛是在查看一件件珍宝。这位老者步履缓慢地走到底沟街北第二家，轻轻推开了清末武秀才方兆麟的大门，他哆嗦着手，一件件抚摸着石墩、门环、窗格，心中涌起一阵酸涩。这座往日声名显赫的大爷方兆麟的府第，如今已是杂草丛生，墙皮剥落。他跨进第二道门，看见过去大爷用来习武的大石锁横卧在正门的影壁墙下，似乎在凄然地等候着它的主人。方毓璨透过墙上的圆形窥视孔依然能从院内看到通往街面的三道门，街上人影伶仃，篱落疏疏，记忆中的人和事早已消逝如烟，恍若黄粱一梦。方毓璨转过影壁墙，只见纱窗已经遍结蛛网，无法开启。他退出院子，转身望见清末翰林赵东阶的宅院，那块悬挂在门上的"太史第"匾额早已消失，空留一座当年勾起方毓璨无限遐想的卷棚楼挺出院落，令人无限感慨。

　　十爷方毓璨回来了。

这个身为黄埔军校第二十一期学员、拥有少将军衔的方家人，在 1946 年随蒋介石撤退到台湾四十一年之后，终于重返方家祖宅，寻访从年轻等他到年老的结发妻子王瑞贞。方毓璨拐进二门的正院，只见一株百年的石榴树顺着拱顶盘绕而上，荫蔽着屋檐下分列两旁的一双户对，在这双户对的中央雕刻着"卜云其吉"四字楷书砖雕。顺着窑拱向下，两旁阳刻着垂至门框的金瓜芍药一捆柴的双长条门带，砖檐下方雕刻着的福禄寿三星高照图案与门框上雕刻着的富贵不断头图案相映成趣。方毓璨推开正窑门，未见到妻子，于是退身出来，站在挂着竹门帘的西厢房门口，喊了一声："瑞贞。"此时，跟在方毓璨身后的六弟方楷鑫引着方家的后人们，悄悄退向配窑，沉默地等待。他们不知道守候十爷方毓璨四十一年的十奶为什么突然躲进了厢房。

　　不久，西厢房内传来一阵被用力捂住的饮泣声。十爷哽咽着说："瑞贞，我回来了。"侄辈见状连忙上来劝解："十婶，十叔大老远地回来了，有话慢慢说，赶紧让俺叔进正窑歇歇。"王瑞贞见晚辈围拢过来，急忙收住泪，把丈夫让进正窑，又端了茶，坐在一旁，一时竟不知该从何说起。

　　待十爷跟众人寒暄过后，坐在床沿的王瑞贞终于变得平静了一些。她想知道丈夫这些年的生活，话到喉咙口却又咽了下去。丈夫离家时还是个二十岁的翩翩少年，如今却已成了六十一岁的老人；她自己也从一个二十三岁的年轻女人，变成了身穿偏襟粗布青衫的六十四岁的老妪。她一遍遍打量着丈夫，感到锥心的疼痛。这种由分离四十一年所产生的割裂感，一方面让他们极力想弥合那段分别久思的苦楚，另一方面又让他们面对突然的相聚，变得不知所措。方毓璨拉过妻子的手，一边端详她，一边说："瑞贞，我对不住你，这么多年，你一个人是怎么过来的……"王瑞贞眼圈一红，低声说："想不到恁还能回来，还没忘记这个家。"方毓璨说："这些年，我四处打听你们的消息，1986 年我朝竹川寄了一封信，问问家里都还有谁，想不到后来收到了回信。"王瑞贞抬眼注视着方毓璨，少年丈夫的几分音容从他的眉宇间依稀可辨，这令她悲喜交集。

三

1988 年 11 月，方毓禧家历经三百年历史的院里传来了阵阵欢快的忙碌声。这家二十二岁的二闺女方秋琴就要出嫁了。为了让腿脚不便的女儿顺顺当当地出嫁，母亲李淑芬早早忙碌起来。她找来三四个好友，成天待在上窑为女儿操持嫁妆。李淑芬给女儿缝了八床棉被，又给女儿做了一条蓝条绒裤子，缝了一件缎子红袄，又去街上买了一双翻毛棉鞋。

农历腊月十七清晨，在一片喜庆的唢呐声里，秋琴穿着红袄、绿鞋、蓝条绒裤子，登上丈夫王保安接亲的汽车，赶往位于石板沟乱石台三山跟前的新家。新婚短暂的甜蜜，不仅给秋琴带来了希望，消淡了丈夫王保安家的贫穷，还让一个小小的生命在秋琴的身体里悄悄地孕育着。即将为人母的喜悦，让秋琴一天到晚忙个不停，她为即将出世的小孩做了棉褥，还收到母亲李淑芬捎来的棉衣裤。

1990年正月十二，天空飘起了大雪。秋琴早早起床洗头、洗衣，准备回娘家探望。到了天明时候，秋琴突然出现了临盆的征兆。婆家人急忙从卫生所找来一个男护士替媳妇接生。在护士的提示下，秋琴经过几番痛苦的努力挣扎，终于在早上九点钟，顺利生下了一个大眼睛、身体结实的男孩。

儿子王帅的哭声撕开了寂寞的石板沟乱石台，让疲倦不堪的秋琴又一次从死亡线上挣脱了回来。她偎依在健康的儿子身边，苍白的脸上露出疲倦的笑容。此后，秋琴整日为儿子洗洗涮涮，忙忙碌碌，完全沉浸在做母亲的幸福之中。等到王帅长到一岁多，秋琴的父母为了照料女儿，便让秋琴带着儿子和丈夫在这一年七月返回了经济条件相对优越的方家共同生活。

四

过去程湾有河，秋琴的爷爷方毓禧在那里种地，秋琴时常到那里捉蝴蝶、捉青蛙。在她的记忆里，十奶王瑞贞爱干净，人勤快，她时常跟着十奶挎着篮子到程湾河里洗衣裳。在那些和十奶相处的快乐时光里，秋琴总是看见十奶一边蹲在河畔捶衣，一边提醒淘气的秋琴："别乱跑，当心掉到河里头。"如今秋琴一想起十奶的话，眼睛就是湿润的，如果在她两岁那年，十奶朝她喊一声："别去够花，小心掉进沟里头。"那么今天的她也不会在短短的四十多年的光阴里，经历几番痛苦的生与死了。

在秋琴的记忆里，自十爷方毓璨1987年第一次返归方顶起，先后又回来了七八次。为了弥补这四十一年来对妻子的愧歉，他每次都带着十奶出门旅游，陪她聊天解闷。秋琴知道，十奶王瑞贞与十爷外出旅游的这些时光，就是十奶奶王瑞贞一生当中所有的幸福。

1991年的一天，十奶爬上月亮晒台的梯子拔红薯苗，秋琴引着儿子王帅在老老爷方兆凤的窑内玩耍。突然，秋琴听到声响。她慌忙走过二门，看到十奶王瑞贞摔在月亮晒台上哼哼。秋琴急忙跑到门外喊人。不久联军伯伯和几个人一起把十奶抬下月亮晒台，将她安置在西厢房的罗汉床上。这一次十奶王瑞贞任凭家人怎么呼唤，连眼也未能睁开，便匆匆离开了人世。

十奶王瑞贞过世的消息很快通过书信传给了台湾的十爷方毓璨，他闻听噩耗，不由得泪流满面。这个为他空守四十一年的结发妻子每日里白天下地，夜晚纺绩，连个身披孝服的骨肉也没留下。好在嗣子方联成是个孝子，他不仅为王瑞贞披麻戴孝，还尽礼将她安葬了。

1994年，方毓璨再次从台湾赶到方顶村。六弟方楷鑫及其儿子方联成带领十爷先祭扫了十奶王瑞贞的墓地，然后又来到方家祠堂祭拜祖先。在 1946 年之前，方家主事人每年都要带领方毓璨和方家族人来到方家祠堂，先祭拜祖先，然后对晚辈们提出希望。

如今十奶已经过世三年。方秋琴领着四岁的儿子王帅跟在众人身后，细细地打量着这个从远方归来的十爷，心中有一种说不出的滋味。此时，十爷方毓璨站在高大门楼的阴影里，朝着顶坡仰望。那儿蹲伏着烧制而成的祥龙、独角兽、吠天犬、游鱼等吉兽，成双成对地顺着飞檐走势，围绕着占据正脊两头的龙头，或仰天长啸，或双跃龙门，或蹲身稳站，静静地流荡出岁月的沧桑，诉说着人事更迭的无情。

十爷方毓璨在众人的引导下，跨进高大的门楼，走向正屋。但见用挂面砖砌成的门面最上方用卧砖雕刻着的龙卷书仍然气势恢宏地朝上檐两边像官帽翅一般挑起。它不仅彰显出方家世代重视读书的家风，还证明了方家显赫的地位。方毓璨穿过人们惊讶的目光，径直站到位居中央的祖宗牌位前，朝列祖列宗恭恭敬敬地鞠躬敬礼完毕，才缓缓抬起头，注视着那尊雕刻精美的龙头。但见它仰天长啸，高居于五层砖檐下，一点不减当年的威风。他看着一通镶嵌在正屋中央的高大的方氏宗亲碑，耳边似乎响起爷爷方兆凤清朗的读书声："大学之道，在明明德，在亲民，在止于至善。知止而后能定，定而后能静，静而后能安，安而后能虑，虑而后能得。物有本末，事有始终，知所先后，则近道矣。古之欲明明德于天下者，先治其国；欲治其国者，先齐其家；欲齐其家者，先修其身……"方毓璨心口相和："古之欲明明德于天下者，先治其国；

欲治其国者，先齐其家；欲齐其家者先修其身。"读着读着，方毓璨的脑中不由得浮现出爷爷方兆凤的音容笑貌，他不禁长叩在地，凄凄向空而言："如今爷爷虽已驾鹤西去，然朗音在耳，怎不叫我感恩涕泣。"

五

　　十奶王瑞贞用七十一年的时光，画出了一个方顶村女人哀婉的句号。这个句号随着岁月的迁延，沉沉地压在秋琴的心头，让她不由自主地想到了自己。随着父母的先后离世，秋琴的身体每况愈下。过去她还能洗衣做饭，如今却连走路穿衣也不能够了。

　　这一天清晨，秋琴于迷迷糊糊中醒来。她先抬了抬双手，又无力地垂下。她为不能抚摸气喘吁吁的胸口，忍不住泪流满面。木窗格外已经升起一片晨光，儿子炒菜的声音从上窑传来。秋琴定了定神，慢慢地等泪水晾干，才叫了一声："孩儿，来给妈妈把衫子穿穿。"秋琴的话音刚落，儿子便掀开竹帘走了进来。他从木箱上拿起一件蓝衫披在娘的肩头，然后轻轻地拽起母亲弯曲变形的手，小心地给母亲一点一点把袖子套上胳膊。又拿来一对肉色丝袜，先弯身轻轻搬起母亲的左脚套上，又轻轻搬起母亲的右脚穿好。等到给母亲洗漱完毕，王帅就端来饭，给母亲一勺一勺地喂完，然后去地里干活。

在秋琴的丈夫王保安外出打工、儿子下地干活的日子里，秋琴的三个邻居任玲琴、王三英、王灵芝时常过来照料手脚不能动弹的秋琴。她们有时扶她解手，帮她干些零碎活，有时还给她带些食物，劝秋琴要好好活下去。这一天下午任玲琴又来找秋琴，却发现秋琴正在为难地痛哭。她立即端来水盆替她擦拭身上的屎尿，并给她唱天主的歌，鼓励她活下去。任玲琴的娘家是马张沟人，她的儿子与王帅的年龄一般大。秋琴哭着对玲琴说："我现在都顾不住自己，要是俺爹娘在，还能帮帮俺，让王帅出去干活。现在我吃喝拉撒都要王帅照顾，看俺把儿子拖累得连个媳妇都娶不上。"玲琴劝她："你多有福气，王帅天天陪着您，又会做饭，又会下地干活，还把窑里窑外打扫得干干净净。"

　　"这孩多好，见天守着你。"

　　"俺孩老听话，不说自己心里得劲，也不说自己心里不得劲。"

　　"你得想得开，要天天祷告天主。"

　　"俺祷告主，俺成天告诉俺孩，你成天伺候着你妈。孩，你妈赖好能动弹一点，你都得出去干活。"

　　"你不能这么说，王帅是个孝子，早晚都会有出路。"

　　"俺给俺孩拖累得出不去门。"秋琴说到这里哭了起来，"我哭十天十夜都有泪。"任玲琴劝解秋琴收住泪，抬头看见那一根根粗大的黑木横梁托举着厚实的木板屋顶，恍然想起方家三百年由兴盛到衰败的凄凉光景，不由得叹了口气。她摸着门右边墙上贴着的发黄的报纸，手指停到七个稚嫩的毛笔字上。秋琴随着任玲琴手指的挪动轻轻地念道："我叫王帅，天天到。"这是王帅五岁学习毛笔字时写在墙壁上的。它不仅是一个幼小的孩子对母亲的爱的宣言，也是二十多年来母子俩相依为命的见证。秋琴说："两年前，俺的手脚瘫痪之后，王帅再没有离开过家。"这些年，年纪轻轻的王帅，早已经像个大人那样把母亲的痛苦扛在肩上，尽心尽力地呵护着多灾多难的母亲。他默默地洗菜，揉面，擀面条，烙烙馍，扶母亲晒太阳，给母亲穿衣端饭。他默默地到地里耕地，播种，扛回粮食，摘回菜蔬。他日复一日地陪伴母亲，照料母亲，就像他五岁时写在墙上的那样："我叫王帅，天天到。"

六

如今，那丛艳丽的黄菊花仍然日复一日地在哑巴沟的半出崖上摇曳，但那个爱花的女孩却再也不能去欣赏它了。花朵盛开本天真，女孩噩梦梦到今。坠落哑巴沟的伤害，给方秋琴构成了一生难以摆脱的磨难，她却极少向人提及此事。当她的好友任玲琴问她："秋琴，后来你又去过哑巴沟吗？"秋琴沉默了很久才说："你看俺都四五十了，都不知道哑巴沟在哪里。"无人知道秋琴的回答意味着什么，也许她想忘记那场噩梦，也许那场噩梦已经压得她喘不过气来，她根本不愿再提起。

音 Yin

梦回方顶

诗意方顶

拯救与传承

探访方顶村古民宅

百年沧桑话方顶

梦回方顶

寇云峰

　　上街，在地图上是一个小小的圆圈，好找。先找着河南省会郑州，往西那么一点，就看见它了。上街是郑州的卫星城。上世纪 60 年代，我在上街读书就业成家，度过了人生最有朝气的青少年时代，自诩算半个"上街通"。虽然离开上街多年，因为感情太深，时常开车拉着八旬老母回上街寻亲访友。前不久，上街老同学胡先生给我打了个电话："上街有个峡窝镇，你还记得吗？"

　　"岂止是记得，简直太熟了，不就是我们小时候洗澡逮鱼的汜水河边的峡窝镇吗？"

　　"峡窝镇有个方顶村，你还有印象吗？"

　　方顶？似曾相识啊，我努力回忆着。蓦地，一段青涩年代的往事闪电般划过脑际。"方顶，当然有印象！我们还喝过方顶的水呢！"

　　那还是上世纪 60 年代初，国家投巨资在上街建起了一座大型铝工业基地，近万名来自五湖四海的技术精英和产业工人汇聚上街。万人大企业再加上家属，数万名操着不同口音的上街新居民还没有房子住，都把家安置在铝厂附近的农村里。西马固、北峡窝、夏侯、聂寨……许多村庄都安置了上海、武汉、沈阳等地搬迁来的新居民。从此，这些衣着打扮在当时十分"时髦"的男女老少，将拥有一个共同的名字——上街人。那一年我小学二年级。从大城市一下子住到乡下，我们这些淘气包不仅没有感到失落，反而兴高采烈地到处撒欢。那个年代由于吃不饱，学校取消了体育课。好在少年不知愁滋味，一放学就四处"探险"。清凌凌的汜水河，绿莹莹的竹竿川，玩得不亦乐乎。那一年初秋，我们几个调皮鬼在汜水河洗澡。后来饿得不行，在田野东游西荡。山坡上不少柿子树果实累累，但涩得不能入口。最后游荡在一座龙状的丘陵上，发现了一片玉米地。

"烤玉米！"不知是谁出了这么个主意。几只馋猫就迫不及待地掰了几棒玉米，点火烧了起来。还没吃完就"人赃俱获"，被一个农村老汉逮个正着。审问时，老人对几个小孩的南腔北调产生了兴趣，不仅没有责罚，还用大瓢盛水给我们喝，还带我们去看村头那些神秘的庙。从老人口中，我们记住了这个村名——方顶。

"为什么叫方顶呢？"

"顶就是高哇，你们看这道梁像不像一条卧龙，我们村就在龙脊上啊！"老人笑呵呵地摸摸我的头。

"为什么方顶的水这么甜啊？"

"方顶人心好，水就甜啊……"

往事如烟。老同学又告诉了我一件惊人的大喜事："方顶村最近发现了一条明清时期的古街和建筑群，规模不小，据专家考证有相当的历史文化价值和旅游审美价值。"

发现？我疑惑地想，又不是深埋在地下的宫殿，比如新发现的曹操墓之类，在地面上有人居住的地方怎么还用得着"发现"？它不是早就赫然在兹吗？我半个世纪前不也"发现"过吗？我又想起了当年那个慈祥的老人——祝他长寿，他们世居于那个

风水宝地，还需要外人去"发现"吗？

老同学明白无误地告诉我，方顶村古建筑群，是文物考古工作者在全国第三次文物普查工作开始后发现的。专家举着相机，每发现一座古建筑，就增添了一份惊喜，结果是更大的"惊喜"——他们足足拍摄了上百座古建筑，总面积上万平方米！

听到这里，我也在惊喜之余，明白了这个"发现"是在当代意识的观念层面上，虽不能用"哥伦布发现新大陆"作比喻，但和江苏"发现"周庄村，江西"发现"晓起村，安徽"发现"西递、宏村一样，是重新认识性的所谓"发现"。在当地村民还浑然不觉的情况下，他们世世代代居住的村子已经"一举成名天下知"，变成了海内外瞩目的旅游热点，并以极快的速度改变了他们的农耕生活方式。这种"发现"之所以值得大书特书，是因为它具有当代性和无可置疑的"觉醒"意识。

不过当时我没有想那么多，只是欣喜于我青春的故乡上街又多了一块风水宝地，以后老了故乡游，多了一块可以发思古之幽情的风雅去处了。迫不及待地，我和几个文友踏上了去方顶采风的行程。

从郑州驱车西行仅四五十公里，就来到了方顶村头。上街区地方史志办的朋友已经在那里等待了。我顾不上寒暄，一个人漫步到村西的汜河边，去寻找孩提时期的足迹。五十年弹指一挥间，物换星移，那个善良的方顶老人，您的孙子辈恐怕也和我一样当上爷爷了吧。可是，方顶没有变，还和我记忆当中那样静谧安详，掩映在绿色的旋律中。顺着河底拾级而上，是赭红色的寨门和寨墙，一股古色古香的气息扑面而来。哦，该去用心领略一下"方顶传奇"了。

方顶是个上千人的大村。从村子卧龙般的地势和长达200多米的高高的寨墙，可以看出这里的主人苦心孤诣的经营设计和工程量的浩大。撩开罩在方顶头上神秘的面纱，你需要用历史人文的视角去观察方顶，才能发现它独特的魅力。幸好，我们此行有上街区地志办的朋友，正是这些"笔杆子"最初用饱满的热情去写方顶，自豪地在

互联网上推介了方顶这颗"藏在深闺人未识"的明珠，并且雄心勃勃地要把这颗璀璨的中原明珠推向全国，打造郑州的"西递""宏村"。更幸运的是，同行的还有河南省古建筑研究所前所长张老先生。一开始我并没有看出来，这位平易近人、普通摄影爱好者打扮的老先生居然是博士生导师、在我国古建筑界赫赫有名的张教授，他曾主持了少林寺大雄宝殿、藏经楼的修复重建工程。一进方顶村，大家就热烈地讨论上了。

方顶村街道整洁，古民居和新盖的楼房错落有致。房顶青瓦上的电视天线和太阳能热水器，透露出历史和现代生活的交会气息。在年轻的方顶村委主任引领下，我们一行兴致盎然地走进一座座明清时期的古建筑。最吸引眼珠的就是门楼，几乎每一座居民院落，不管是二进或独立四合院，甚至背靠山坡的窑洞式院子，几乎都有一个风格鲜明、样式考究、精工细雕的门楼。中国人讲面子，门楼也叫门面或门脸啊。哪怕其他房间简陋，门楼却是万万马虎不得的。方顶的门楼可以看出典型的中原农民的性格，也展示了民间能工巧匠的手艺，有的门楼雕刻图样竟多达二十余种，给人的感觉是：家家有门楼，无宅不雕花。可惜的是，有许多门楼由于院内无人居住，年久失修，已经凋敝颓败了。村内最著名的清末翰林赵东阶宅院的门楼，早年挂着一块"太史第"匾额，也在"文化大革命""破四旧"时失踪了。巡视着这些"满脸沧桑"的门楼，我忽发奇想，仅仅把方顶村的众多的门楼修复起来，那气势和风范就足以和许多江南江北名镇有得一比了。

与江南古民居青砖灰瓦的色调大不相同的，是方顶村古建筑的建筑材料中，少不了赭红色的石头，当地人称"红顽石"。这种太行山上随处可见的岩石质地坚硬，纹理细密，无论门楼、院墙、窑门、房屋根脚，大量使用这种石头，更不用说气势恢宏的石寨墙了。相比于江南古代民居的轻灵俊逸，方顶的古建筑更显厚重大气。我注意到，许多石头不经刀砍斧凿，而是依天然原貌垒成墙，再用白石灰勾缝。远观线条奇丽，千姿百态，近看如花如画，风吹雨淋不改其洁。我们写文章的常比喻好作品是"匠心独运"，那么这些聪明的民间建筑匠人，他们的"匠心"更是令人敬佩不已。

方顶村如此耐看，特别是此行还有专家指点，真是令人大长见识。我目睹了屋顶的五脊六兽，领略了"天瑑纯嘏""卜云其吉"等门头匾的内涵，还与方顶村民亲热攀谈。对于外界突然而至的喧哗，他们心静如水。一旦提起方顶的人文气氛和古建筑的魅力，他们才露出纯朴的微笑，开始如数家珍地讲到种种细节。比如门闩的六种闩法啦，影壁墙猫眼的用途啦，等等，处处透出方顶人居家过日子的智慧和对生活的热爱。

　　方顶是个神奇的地方，是郑州地区较大的明清建筑群，也是上街的骄傲。而作为对上街感情笃深的上街人，我却在心头浮起阵阵隐痛：方顶是个病美人，而且病得不轻啊！由于岁月的流逝和人为的原因，方顶现存的百余座古建筑大部分凋敝破旧，楼阁颓败。特别是院子套院子、房子套窑洞的依山而建的多层次立体式建筑，本是方顶一绝，却因山坡坍塌无人整修而危在旦夕，它们已经经不起几场风雨了。我想起，中原曾有多少古迹的命运令人扼腕：少林寺曾付之一炬，开封鼓楼被拆，龙门佛像遭砸窃……更多的是自生自灭，任其风雨剥蚀。同行的张教授对方顶古建筑赞叹之余，也不免忧心。我请教他老人家怎样恢复方顶古建筑的魅力，他深思片刻说，重要的是，要尽快让方顶的古建筑有一个健康呼吸的状态。是啊，要恢复方顶的活力和造血的功能，是我们面对文化传承和历史渊源必须作出的承诺。方顶古建筑一旦恢复活力，必将名扬天下。

诗意方顶

周玉梅

　　山峦葱翠，流水潺潺，花草树木自在地生长，叶片花瓣生生落落，古老的街道、古老的民居在和煦的阳光中静默。走进方顶村，仿佛是走进久远的期待中。

　　在这里，淳朴的民风，丰厚的历史蕴含，伫立了几百年的老屋以及古老宅院高高的门楼，窄窄的走廊，长满青苔的天井院，雕花的窗棂，柴烟熏得油亮的房梁，庭中的古树，古树发出的新枝……处处都徜徉着诗意之美。

　　虎皮墙上的斑驳，是历史的风霜留下的一点旧痕。历史的烟云消散了许多风花雪月的故事，村中鹅卵石铺成的古道也被水泥覆盖。当旧的影子无奈中随着昨天的落日余晖渐渐远去的时候，方顶村，仍然很传统很古典。

　　古老的村中道路上，你可以很随意地慢慢走。走累了，老屋门前的石头台上可以歇歇脚，也可以走进任何一座能敲开门的老屋。如果觉得口渴，老屋的主人会像对待远来的贵客一样，给你沏上家里最好的茶。如果你想品当地农家特有的风味，那么，他们闲暇时从村头采来的槐米、从地边挖来的蒲公英，或者从山沟边采摘来的金银花就会在你的水杯中舒展出一片清凉。如果你走进老屋正巧赶上饭点，主人会热情地邀请你一起吃饭。一碗手擀捞面，青翠的菜叶、金黄的炒鸡蛋，不饿也觉得馋。铁鏊子上烙的饼带着烟火的焦香，农家自酿的米酒不喝也会醉人。在方顶，古朴的乡风带着没有消散的诗意让你感觉到温情脉脉，让你自觉不自觉地想起童年的故乡。

　　当故乡消逝的风物让你无处怀想的时候，你可以来方顶。这里，百年老屋中有在苍苍茫茫的风雨中蕴藏延续着的温暖。这里有你记忆中故乡原汁原味的风景，温馨浪漫。

走进方顶，你可以轻松地走进中国历史的一个个片段。走进随便一所百年老屋，坐在老屋院中百年的木凳子上，在年代同样久远的矮矮的木桌上，斟一杯酒或者一杯茶，听当地的乡亲说一段和方顶有关的历史，讲一讲春秋时期楚庄王在这片土地上打仗的威武，讲郑国几代国君在这里流传的轶事，讲清朝翰林赵东阶给这里带来的荣耀……暖暖的阳光从门前照过来，不远处的五云山上云朵飘逸，风挟带着旧事陈迹散发出幽远的香，紫薇在老屋雕花窗棂的外边，开着绵密繁盛的花朵，老屋的阴影中是阴柔的沁凉。

此刻，你可以用想象把历史的碎片拼缀起来，和着这灿烂的阳光，编一部和方顶有关的野史。

在方顶，你打开一座老屋的门，就是翻开了那座老屋的历史，每座老屋都藏着自己的故事。欢笑与悲伤，兴盛与衰败，枯萎与新生，一切的一切，随着四季的更迭，在时光之水中沉淀出沧桑的痕迹，藏着几百年故事的老屋，守护着这些故事，恬静而安详。

也许在你走进的这座老屋旁边，前次来还看到的那座老屋在昨天的大雨中倒塌，那座老屋中那些久远的故事没有了老屋的守护，就会四处飘散，渐渐地湮没在风中雨中，成为泥土中沉默的一部分。也许无人会注意这些，也许会有人轻轻地叹息一声，

深深地看一眼断垣残壁，无可奈何地更新了有关的记忆。

探究着老屋砖雕上的花卉、动物或者文字图案，在方顶古老的建筑中寻访历史，较之书上读到的历史，有更丰富的意蕴。灵动、深沉、古朴、典雅、世故……这些字眼体现在建筑实物中，有着书上没有的诠释。

漫漫的历史长河中，这里曾是兵家必争之地。烽火狼烟沉寂之后，那些曾在此风云际会的人物，在史册上或留下寥寥可数的几行文字，或者什么都没有留下，但是，他们在方顶却留下了大量的传奇故事，留下了与之有关的地名。点将台、擂鼓台、太子沟、娘娘沟、营盘沟……因人们的口口相传，这些地名，连同那些无法考证的故事，一起隐逸在方顶的历史里。你寻访时，似乎有旌旗猎猎，号角连天。虽然和这些地名有关的无数平凡生命，和风同尘，消散无踪。虽然现在这些地方除了一季季的庄稼外，只有青草年年绿，只有野花烂漫红。

想秦宫汉阙，如今都变成了衰草牛羊荒野。探寻历史，探寻的是人生三昧；寻访老屋，寻访的是世事变迁。石头会风化，文字会褪色，因此，有些记忆中很美好的东西，注定是留不住的。正如故乡屋檐下的燕子已经悄然离去，正如许多路边生长庄稼的土地已经变成钢筋水泥的所在，就如你苦苦歌咏的那个春天一年年渐行渐远，你写入诗中的春雪洁白温馨却带着莫名的忧伤……

淡淡的惆怅悄无声息地在心中盘旋。不用质疑时光的流向，天空中虽然有鸟刚刚飞过，云彩中却不会留下任何痕迹。

　　百岁光阴一梦蝶。留不住的就任其去罢，永恒原本就是相对的。当你因惧怕黑暗而在意窗外迷离的灯光，任那些沉积的思绪凝成一个又一个丁香结，带着些许的沉重，纠缠在漫漫旅途，在这里，在方顶，你也许可以把它解开、放下。没有任何比沧桑之变更大的力量可以使人因豁达而淡泊。握不住手中流沙般的期待，索性挥挥手，不留一点希望和失望。尘归尘，土归土，在百年风烟中傲然伫立的方顶古宅会让你思索很多感悟很多。

　　在方顶，你会发现，脚步可以如此悠闲，心可以如此平静。没有忙碌的喧嚣，你想安静的时候可以随时安静下来。

　　历史和战争联系起来在许多时候会给人以沉重。在方顶，你可以轻松一些，再轻松一些。你可以走进方顶那些人去楼空的老宅院，静静地听蟋蟀在青草丛中吟唱。蟋蟀的声音曾在《诗经·七月》中被注意，已经延续了数不清的岁月。院中的那棵大椿树的旁边，几棵小小的椿树长成一簇，这是从大树根部萌发的新的生命。小树的叶片在风中轻轻舞动，像是为蟋蟀的歌曲伴舞。想起"蚂蚁缘槐夸大国"的诗句，槐安国的典故让

人觉得精彩。槐树下有槐安国，椿树下该有什么神奇的国度呢？在这个寂静的院落，在这棵大椿树下也许曾有一个或者多个平凡中透出凄美的故事，记载着人生别样的况味。花瓣细碎的红色野花东一簇西一簇从砖头缝中探出来，给这个布满青苔的院落增添了亮色。如果对美丽的花草和色彩敏感，那么这些是你不会忽视的。

走进一个空寂的院落，你可以关注也可以不关注那空空的楼上当年曾经有过怎样的温婉雅致，在"文革"岁月曾经有过怎样慷慨激昂的沸腾。雕花的窗子装饰过远去的春花秋叶，窗子边带着时代印记的"文革"宣传画却让你又恍然走进一片红色的海洋。一切都在时光之水的洗涤中褪色、风化。沉浸在静谧中的你，也许会蓦然发现，有一只小小的蜘蛛在窗棂边，织了一张小小的网，那蜘蛛悠闲地在网中间安卧。青天白云，满院的风景原来并不是你在独享。

熟悉了方顶青砖黛瓦的老屋，你可以欣赏在风雨中伫立的五脊六兽，你也可以随意漫步在田间小路上，看青绿的庄稼地，看花开果长的菜园，欣赏路边的野草野花，藤蔓攀援，叶片舒展，夏天的微风中清香弥漫。

靠近田野的是村边的小河，在久远的过去这里曾经水面开阔，春夏芦苇摇曳，秋天芦花飘荡。据说，几十年前，尽管河面已经比以前缩小很多，但还有带着鱼鹰的小船在此捕鱼，现在这里只有喜欢清静的垂钓人。岸边的树林中，有柿树、桃树、杏树，还有枫树、漆树、黄栌树，春秋时节，日斜风定，清流红树，美不胜收。淡淡的诗意

　　洋溢在乡村的平常处，在这里，可以看钓鱼，也可以坐在岸边的石头上听蝉鸣……

　　蝉歌缭绕，余音袅袅，与水声和鸣，清凉宜人，眼前不再是喧嚣、匆忙、疲惫，心中有说不出的喜悦与清爽。

　　来方顶，在这里，可以不谈前世，也不谈今生，只感受心灵格外的安宁。一直在想，人们为什么对童年的一切记忆深刻呢？就如我对童年故乡的眷恋，这也许是为了从记忆里找一些温暖的颜色，布置手中慢慢流逝的岁月。

　　欣赏过山高海阔、林深花繁，经历过慷慨激昂、冷清沉寂，因了偶然的际遇，把探索的脚步和目光投入到方顶，投入方顶村那一大片青砖灰瓦的明清建筑，你感受的是另一番风景。

有些东西是不容易改变的：流光闪烁的星空，耕耘者对土地的依恋，人们对美好生活的期盼。

在中国古老的乡村，无数和方顶同时期的类似建筑，在时代变迁中消失了，有些在一些发黄的老照片中，在文人墨客的文字里，依稀留下模糊的痕迹。而在方顶，古老的建筑带着不同时代的印痕悄然耸立。如果说这些建筑是有生命的，那么，这是怎样的一种生命存在的缘起呢？

喜欢方顶这古老乡村悠闲宁静中生命本源的自由自在、朴素安适，不知不觉间，《故乡的原风景》的旋律在心中响起，一段醇香青翠的光阴带着悠然的清静留在心底。

也许有一天，在诗里、画里一遍遍描摹故乡，怎么也描摹不出童年的印象时，疲惫中，你可以来郑州，穿过大城市的繁华喧闹，走进上街区，到方顶。

站在方顶村头，古道蜿蜒，云霞飞扬。轻柔的风中，你会听到自己内心深处的呼唤。转身一望，故乡那牵动着自己心灵的旧时风景仿佛就在眼前。这一刻，诗里、画里熟悉的故乡不再遥远。

拯救与传承

耿喜荣

　　面对气势磅礴、万象更新的城乡建设大潮，上街区古村落没有被"工业化"，值得庆幸。

　　上街区古村落以上街区西南部与巩义、荥阳交界处的方顶村为代表。此村占地四平方公里，由顶闶、底沟、程湾三部分组成。该村历史悠久，早在新石器时期就有人类在此居住，并在这里留下许多古文化遗迹。明初洪武年间，由官府组织山西人口大量迁往河南，其中一支方姓族人定居此地，初名叫方山寨，后因地势高于周边地区故改名方顶村。这里建村距今已六百余年的历史，现有常住人口近一千六百人，是河南省现存规模较大、较为完整的明清时代建筑群。这个建筑群有建筑面积一万多平方米，房屋一百余座三百余间从明代中期一直延续到现在。诚如专家们所说"生活着的千年古村"，"春秋的水，明朝的村，清朝的建筑，现代的人"。

　　"洪洞迁来数百年，子孙繁衍万代传。"处在半丘陵地带的方顶村，房屋住宅全是依坡地而建。随山脉走势，住宅形成高低错落、时隐时现的景观，轮廓变化丰富，村上有村，院上有院，三面临水，一面靠山，真乃是人在村中走，如在画中游。当地村民的一段顺口溜："二岗一沟村落占，五龙把口十三关，三条古道穿村过，二条古河绕村转，二龙戏珠活宝地，村有明清四合院，六沟二合古战场，五庙二祠村中建。"把方顶村描绘得淋漓尽致。不管你从哪个方向进村，都必须通过既弯又长的陡坡才能到达村中。方顶村不但空间形态和建筑结构有特色，建筑艺术也特别地精美。彩绘、

石雕、砖雕等，集中了最优秀的民间工艺。本土居民使用的建筑材料是石、砖和上好的木材。墙上的石头经风雨剥蚀，长出光滑的"石皮"。一块块石头垒砌的石墙，虽然石缝不规则，却坚固异常，百年不倒。墙根的石板缝隙里开出花来。曲径通幽，庭院里的树木俊朗挺拔，脚下大块青石板敦厚踏实，门口的照壁图案斑驳古朴，门楼顶上五脊六兽窃窃私语，典型的明清乡土建筑类型的历史文化老街。方顶古民居建筑带有我国北方民居的特点，它的形状给人一种神秘感、灵气感。在方顶村，随便走进一幢房屋，都可能是建于清末民初。鹅卵石铺就的小道，精致而又生动的雕刻，方顶村的每一处都充满了神秘与古朴，是明清乡土文化的活化石。

前几天去方顶村采访，七十二岁的方联军老师给我们讲，他在方顶村生活了一辈子，子女都在外面工作，偌大的房子就他们老两口居住。所以老两口在家，每天收拾屋子，成为他们生活中最重要的事。有人看管的房子就保护得较为完好，这幢建于清末的房屋，是从他曾祖母手上传下来的，在村上小有名气。"每年都有很多外地人来参观、摄影，他们都觉得这里的古建

筑很有特色。"方老师指着挂在墙上的年历说。几年前，不少有名的摄影记者拍了他家的宅院房屋，没想到还当成了方顶村的"形象"，这让他很是高兴。在这个村里，古老的树种处处可见，方老先生家的石榴树枝繁叶茂，已经在这里守望了近百年，它的寓意很深，它象征着多子多福，福寿满堂。还有小道上的石阶，被无数双脚亲吻，留下数百年无声的静默，在古巷的阳光下折射出质朴而浓厚的美。骑楼厚厚的木门，久经风雨雕琢，尽管上面的铁锁锈迹斑斑，依然挡不住游客们对那些久远故事的想象。像方老师这样祖祖辈辈生活在方顶的村民还有不少。我们在古村落时时可以看见满头白发的老人，坐在门前的石板上、木凳上，静静地望着一伙伙游人走过，那种眼神和我们看见古村落时的欢笑形成鲜明的对比。在程湾，我们结识了程老伯，大家都争着和老人家聊天，向他打听村里从前和现在的各种事情。程老伯告诉我们："这些年，随着时代的变迁，改革开放大潮的深入，不少年轻人外出做生意，打工，不少老房子无人看管，堆满了杂物，不少老屋塌了。"他说："房屋院落有人住，才有人气。"一旦住民流失，那些年代久远的明清时期的建筑很快就颓败了，也许不久的将来就会倒塌成为废墟。

　　方顶村除了具有深远的建筑文化之外，还有着积淀深厚的民俗文化。方顶村曾经有坟会、社火、绑灯山、高跷队、戏班子、说唱团、卧杆、秧歌队、舞板龙高空狮子表演等文化娱乐活动。比如卧杆，就是农村独有的一种文艺活动。当地村民讲，卧杆

不是谁都能坐的，据说是得子较晚或胆大有为之人才能做这种游戏。从艺术表现形态而言，当属原生态民间舞蹈的范畴。同时，方顶村还有很多名小吃，比如糊麦裹、米粿、粽子等，还有针织绣品等，这些都是当地的文化特色。艺术，有名则灵，管它是不是草根。如果哪天也来个舞蹈大赛，它也到舞台上亮丽登场，摘金夺银，那才是过瘾呢。借用青歌赛上一位评委的褒扬之辞，那就是："各美其美，美人之美，美美与共，天下大同。"其中引人注目的还有那些楹联。村中对联有很多副是明清时期创作的，沿用至今少有更改，比如"传家有道惟忠厚，处世无奇但率真"。像清末翰林赵东阶就写得一手好字，是书法界有名的书法家，晚年也是一位名望很高的乡绅。方兆凤，清末文秀才；方兆麟，武秀才；方敬修，民国初年任省政府督学……名人绅士举不胜举，真可谓"灵光宝气处处有，才子佳人代代出"。但是，与时俱进的先进文化，并没有在这个"古村"得到很好的体现，一些宗祠纪念活动越来越少，一些手工传统、美食等也了无踪影，而那一幢幢的宅院、一面面墙头上长着的茂密青草向我们表明，这些院落的主人早已远走他乡，或漂流海外，或到城里打工。的确，这里的一砖一瓦都是文物，一描一画都有文化，一屋一院都藏着故事。

村里人都希望区政府能将这里保护好、继承好、开发好。方顶村委书记说："这么好的东西，要让更多的人知道，才有它存在的价值，让它们湮没在这里，真的太可惜了。"其实，正是有方大叔、程老伯这样一批"村落老人"在默默地守护着我们的村庄，才使我们今天能够看到和感受到远古村落的气息和姿态，体会到村落、房院与人的关系。这是一种何等珍贵的村落文化、民俗文化的遗产，而一旦失去了他们，我们村落的主体就只剩下建筑本身了。因此我想，我们走进古村落，不能只是穿越，还要倾听，那是对地域和文化的倾听。每一处村落都有自己的故事，这些故事容易被当地人自己忽略掉。方顶村一位六十多岁的大娘很能讲故事，她的口才和她讲的故事，足以吸引我们远方的客人停下来。她讲的村落古树、婚丧嫁娶的风俗、手工艺品制作工艺的传承以及方顶村的来历等等，都是古村落保护的重要内容。

方顶村许多宅院主人孤独留守的现状给了我们一个紧急提示，文化的传承是双向传承，那些活态的口述村落文化更应该加紧搜集、抢救。也许那个只剩下村落建筑本身的时刻已经不会离我们太远，或许只有十年到二十年左右时间。当这一批村落主人离去，我们的古村落文化将要迎来另一个"村落时代"，即失去活态文化的村落时代。那时，我们将后悔莫及，为什么当初没有很好地留住老人的村落记忆和文化记忆呢？

古村落是人类的摇篮，是人类文明的根脉，是农耕文明的精粹，是田园生活的守望地。正如梁漱溟老先生所说："原来中国社会是以乡村为基础和主体的，所有文化，多半是从乡村而来。"一个古村落就是一段历史，一幢古建筑就有一个故事。历史文化村落大多经历了数百年、上千年甚至更长时间的岁月沧桑，承载着厚重的历史文化积淀，是中华民族的文化记忆和文化标志，是一种不可再生的文化遗产。加强历史文

化村落的保护传承，已经刻不容缓。

　　因此，我常有感于一位研究古村落专家的感言：今天我们所谈及的村落文化保护，其实很重要的一点应该是让人们保护村落的文化结构和民俗结构，保护住村里人述说的村落文化和村落故事，听一听村落的"声音"，老人的话语，鸡鸣狗吠，牛嚼草蛙鼓噪。如果有可能建一个村落博物馆，将其留下来，这或许是一种新的村落保护模式。如何"拯救"日渐流失的古村落文化？文化保护的关键，不在于是否进行大规模的开发，而在于如何让古村落的生活方式和谐地融入现代社会。

　　特别是对非物质文化遗产这种原生态式的民间文艺，关键是要有一个传承的坐标。在创新与扬弃中，迈开传承的脚步，甘苦与共地将传承工作做得更加坚实，不要等到完全沉寂下来，才对着那个闪光的亮点，苦苦寻觅，苦苦思索。在多元文化共存的社会里，民间文艺只有活在民间，才是真义，才有异彩，才更切合其最为质朴的艺术表现形态。因此说，拯救与传承是一种艰巨的任务，而且是刻不容缓的。

　　"不想把祖宗留下来的遗产败在自己手里。"这是当地村民最朴实的一种保护意识。可以说，古村落是一种不可移动的历史文化遗产，又是一种珍贵的旅游资源。如何在保护好这一方古建筑的基础上，发挥他们的价值，成为当前需要解决的一个最大问题。

　　当我们触摸着古村的历史，感慨于世外桃源般生活的时候，对于古村落的保护和开发让我们越发地寻思起来。该村一位村民说："古村落的建筑是要靠人住、靠人养、靠人去传承的。"一旦原住民流失，那些明清时期的建筑很快就不行了，就会倒塌成为废墟。另外，更重要的是，人口流失，文化内涵随之消失，整个古村落将可能真正"死"去。为此，我们不但需要政府的大力支持，还要我们生活在这里世世代代的村民去传承。这些传承人中，可分为土生土长的文化传承人（像方老师）、从乡村走出来的传承人（像焦老师）、基层文化传承人（村干部等）。他们对本土文化深刻了解，他们收集整理的民间故事更真实可靠，对推广各种民俗文化、村落文化的空间扩展、延伸更有向心力、说服力，在上级政府部门和民众之间更容易架起沟通的桥梁，让深藏乡村的民间文化走进大众视野，不断地重生，从而进入更深层次的保护当中，让古村落特有的文化基因得到延续和传承，给古村落的文化活态向前发展注入新鲜血液。

历史文化村落的保护，不能将保护对象只局限于建筑物，应该是环境的整体保护；不能只注重物质实体的保护，也要关注文化的保护。从整体的历史文化村落而言，其所处的自然地理环境、村落空间布局、建筑风格以及民俗文化等，共同构成了村落丰满的面貌。

我们期待着，基层文化干部充分发挥本职作用，凝聚当地村民团结协作的集体精神，积极引导他们展开文化自救，人人参与，心心相悦，代代相传。古村落是物质文化与非物质文化的有机结合体，是在特定历史中形成并保存至今的传统乡村聚居地，凝聚着包括建筑文化、工艺美术和民俗民风等要素在内的丰富的民族文化。

可以说，对于古村落的保护，是一项系统性、综合性工程，涉及的领域广，项目内容多，人员结构层面多，需协调的各种关系多，技术难度大。要保证保护工程有效推进，必须由政府进行综合把握，同时在人员、技术、资金、制度等方面进行综合保障。"将旅游与文化结合起来，就能更好地吸引外地人，还能带动当地经济，惠及百姓。""打造古村落旅游品牌，促进当地旅游业的发展，带动当地相关产业等措施来进行古村落的保护，这也是当前古村落走可持续发展唯一的出路。"

总体而言，我们要按照"保护为主，抢救第一，合理利用，加强管理"的方针，围绕"修复优雅传统建筑，弘扬悠久传统文化，打造优美人居环境，营造休闲生活方式"目标的要求，在充分发掘和保护古代历史遗迹、文化遗存的基础上，优化美化村庄人居环境，适度开发乡村休闲旅游业，把历史文化村落培育成为与现代文明有机结合的美丽乡村。彻底改变方顶村整体风貌毁损、周边环境恶化的状况。

特殊的文化沃土，表现特殊的文化特质，绽放特殊的文化奇葩。近忧远虑，都是为了这一份份不可失传的民间文化精品。因为这些古村落，不仅仅属于历史，也是属于现代的……

探访方顶村古民宅

王荣安

　　2012 年 7 月，我们几个文友驱车到上街区峡窝镇方顶村探访明清时期遗存下来的古宅老院。

　　我们在 310 国道边的程湾（方顶村的一个自然村）下车，来到一座古民宅。进大门迎面看见一座高大的老式灰瓦青砖房屋，足有十米长、六七米高。因年代久远，砖瓦都已变成了灰黑色。房子里至今还住着一户村民。据房主介绍，地基是用煤渣打成，墙全部用河石垒砌，墙厚基牢。房上木梁粗大，大多是槐木或榆木等。梁上隔有杨木棚板，棚板严丝合缝，滴水不漏，时隔数百年，经过长年的烟熏火燎呈黑色，黑色脱落又变成了棕褐色。房主说，这幢房子已有三四百年的历史了，能保存到现在，还这么完整实属不易。

　　出程湾上行不到五分钟，就来到了古宅成群的方顶街。我们在街口见到了方顶村的退休老教师方山林老师。在方老师的引领下，我们先来到了方氏祠堂。方氏祠堂建在一个高台上，是个庙堂似的小院。正面是一个高台门楼，门楼顶部塑有五脊六兽，上顶底瓦上画有阴阳太极图。门头檐下有一木质长形楹框，四周雕龙琢凤，凌空欲飞，中间"方氏宗祠"匾额悬挂其上。大门两边是石鼓门墩，左右对称，石鼓上各伏有一只卧状睡狮，从形状上还可分辨出雌雄。这也是其他祠堂少见的。进大门有一条五六米长的通道直达祠堂正房。正房屋脊高耸，门面雕花镂兽，房内宽敞。正西墙上嵌一高大的石碑，碑上用正楷书刻着方氏先人名讳。正房东边还有厢房。据方山林老师介绍，新中国成立后曾在这里办过学校和村卫生所。

出祠堂，沿下坡前行，这时方顶村的退休老教师方联军迎上来。他和方山林老师两人都是方顶村古文化的热心挖掘者和保护者。方联军老师正在地里干活，听说我们来访，急忙放下地里的活，前来为我们当"导游"。道路东边是用红色河石垒砌成的高高的寨墙，方老师说这就是古代留下的山寨的寨墙。据他说，脚下走的道路原来也都是红石头铺成的。后来村内搞道路建设又在红石上铺了一层水泥石子路面。中间原来还有一个大寨门，用红石头垒成的穹形。后来因破损残缺拆除，在原来的寨门上建了一座直接连通寨墙两边的水泥桥。

我们从桥下通过来到了清代翰林赵东阶的宅院。宅院临街坐北向南，高大的门楼上曾经悬挂过"太史第"匾额。进大门先是配院。院中有一座卷棚式配楼。二楼的空间有二十多平方米，地面是木板铺成，房顶椽子上有一行字：民国十一年，率子印绶孙继翰、继超、继端创修永用。

配楼西面，是赵宅的正院。正院上方有三孔红石表山的窑洞。主窑门上方，两边是砖雕的龙头麒麟图案，中间是砖雕匾额，上书"天瑒纯嘏"四个字。窑内是用木材券顶。东窑是砖石所券，西墙壁上有一个门，可以进入另一窑，造型巧妙别致。窑内阴暗，凉气袭人，比装空调还舒服，是盛夏避暑的好地方。站在院中看整个配楼，楼房顶部与众不同，房脊上没有五脊六兽，由两房坡顶合瓦成半椭圆形，显得厚实、壮观、新

颖而不造作。

　　出了赵东阶宅院，沿街往东来到临街一座坐北向南的高门楼古宅。随同的方联军老师介绍说，这是清末秀才方兆凤的宅院。大门门楼是座设计造型不土不俗的建筑。门楼顶坡有排山、拐角、五脊六兽、重叠上插檐的造型。门面有吉祥巨龙、鹿噙梅花、富贵牡丹、冰洁莲花等木刻图案。门头墙中间有内方外圆的古钱币砖雕，门边砖柱顶部有池子图案。临街房四角的砖柱上是砖雕的篆书"福""寿""康""宁"四个大字，字体清新秀气，让人深思。据说是住宅主人的一种希望寄托。进入大门，两边各有一道二门。东边的配房有一单坡瓦房和一孔窑洞。

从配房向西进入正院，院中有一棵碗口粗的古老石榴树，虽已经百余年，但依然风华正茂。正面是一砖石结构的窑洞，窑脸上有砖雕的"富贵吉祥"图案及"卜云其吉"的楷书大字。正窑和西窑是窑连窑，过一个门又是一孔窑，这是窑中窑。出正窑往上看，窑上边还有一排窑上窑。站在窑顶晒台上可将方顶村尽收眼底。村内古宅高低错落，宅连宅，房挨房，形成了独具特色的古老建筑群。处在此院，你会觉得历史悠久、文化内涵丰富的方顶村充溢着古色古香，自然风光优美，是一座史诗般的古老村庄。

在一座临街坐南向北的宅院中，门楼残缺，内宅已年久失修，塌陷多处。只有院中一影壁墙还保存至今。影壁墙中间是一个外方内圆的圆孔，可以站在墙后向外观看。奇怪的是此孔离地距离可适合于高低不同身材的人们自由内外观看而不显勉强。

从几座古宅出来，太阳已落山，村里已开始暗淡下来，我们告别了一直陪同我们参观的方山林、方联军二位老师，恋恋不舍地离开方顶村。在回程的路上，我在思索着，方顶村能保留下来这么多明清时期的老宅古院，这是中原人民悠久历史在上街地区的展现。有许多古宅老院、历史名人的故事能保留至今，多亏了方顶村的人民群众为保护这些古迹作出的重要贡献。保护、挖掘中华民族古老的文明史实和古文化遗产，是我们每一个中华子孙义不容辞的责任和义务。我们期待各级政府和社会各界人士更加注重方顶村这片古宅的保护，开发、挖掘出更具有历史文化价值的成果，使我们的历史文化千秋万代永不失传，在社会主义现代化建设中继续发挥应有的作用。

百年沧桑话方顶

何锡瑾

塔山五彩云，地脉结方顶，
俯瞰湖半岛，登临阜中城。
北按擂鼓台，南倚楚王营，
汜水左直流，清河右绕行。
先民洪洞来，方焦程赵姓，
地灵出俊秀，物阜淳民风。
方姓耕读富，户田有过顷，
焦姓人丁旺，工匠多巧能。
程姓善贸易，致富物流通，
赵氏重读书，科举著功名。
赵璧举孝廉，商水教谕公，
有子赵东阶，金榜题甲名。
武生方兆麟，弟亦邑庠生，
一代竞风流，往昔记忆中。
民国多人才，四业出精英，
今朝更胜昔，全新入佳境。

图书在版编目（CIP）数据

山丘璞玉——方顶／郑州市上街区地方史志办公室编. —郑
州：中州古籍出版社，2013.4

ISBN 978-7-5348-4189-7

Ⅰ.①山… Ⅱ.①郑… Ⅲ.①乡村-民居-古建筑-介绍-郑
州市 Ⅳ.①TU241.5

中国版本图书馆CIP数据核字（2013）第061477号

方顶

责任编辑：王小方
责任校对：李永长
艺术指导：孙　康
出 版 社：中州古籍出版社
（地址：郑州市经五路66号　　邮编：450002）
发行单位：新华书店
封面题字：任伯森
承印单位：郑州新海岸电脑彩色制印有限公司
开　　本：889mm×1194mm　　1/24
印　　张：10.5
字　　数：400千字
印　　数：1-1000册
版　　次：2013年9月第1版
印　　次：2013年9月第1次印刷
定　　价：118.00元

本书如有印装质量问题，由承印厂负责调换。